IT用語図鑑
ビジネスで使える
厳選キーワード
256

増井敏克
Toshikatsu Masui

SE
SHOEISHA

はじめに

　誰もがスマートフォン（スマホ）を持ち、日常的にインターネットに接続することが当たり前の時代がやってきました。ちょっとした空き時間があれば、ニュースを見たりゲームで遊んだり、SNSで友人と情報共有したり。気になるキーワード、知らない言葉があれば、どこでもすぐにインターネットで検索することも可能になりました。

　ニュースアプリなどはどんどん賢くなって、過去に閲覧した内容を基に、その人が興味を持ちそうなニュースを配信してくれます。SNSも友人がシェアした情報を簡単に閲覧できるように工夫されています。

　しかしこれは便利な一方で、自分が興味を持っていること以外の情報が入ってこない状況になってしまっています。同じ業界の人や友人との繋がりでは、考え方が似ていることが多く、知識の幅が広がらないものです。

　そんな中、知らない言葉を検索しようとしても、検索するキーワードがわからないと調べることすらできません。知っている言葉から知識を増やすときに**インターネットは便利ですが、受動的に情報を待っているだけでは新しい知識に触れることは難しいのです**。

　また、欲しい情報を見つけられたとしても、そこに書かれている言葉が難解で理解できない、読み方がわからない、自分の仕事に関係するのかを判断できない、といった問題があります。

　そこで、この本では現在ITにかかわる仕事をしている人やITに興味を持っている人が知っておきたいキーワードを厳選し、ジャンル別に図鑑形式で掲載しています。

　世の中には、子どもたちが読む「乗り物図鑑」や「昆虫図鑑」

など多くの図鑑があります。わかりやすさや楽しさを重視したグラフィックで、最低限の情報や豆知識が掲載されており、興味を持ったものはインターネットなどで調べて知識を広げることができます。この本も同じように活用いただければと思います。

　なお、この本ではIT知識のない文系の方や新入社員の方でもわかりやすいように、**専門的な図を使うのではなくかわいらしいイラストで表現しています**。さらに、用語に読み仮名を付けているだけでなく、各用語がどのように使われるのかわかるように、**使用例も記載しています**。

一般的な辞典との違い

　よくある用語辞典では、アルファベット順、五十音順に掲載されているものが大半ですが、この本では理解しやすいように、**関連のあるキーワードが近くなるように考慮しています**。もし特定のキーワードだけを調べたい場合は、巻末の索引を活用してください。略語についても元の言葉を索引に記載していますので、略語の意味を知りたい場合は活用していただければと思います。

　見出しにある言葉以外にも、関連するキーワードをページ内に散りばめています。初心者向けに解説は最低限の内容に留めていますので、興味を持てるキーワードを見つけたら、その言葉をインターネットなどで検索してください。じっくり学びたいときは、書店でその用語に関連する専門的な本を探してみるのも良いでしょう。

　この本がきっかけになり、皆さんの知識が広がっていくことを期待しています。

Contents

はじめに 2
本書の使い方 12

第1章
Keyword 001〜034

ニュースがよくわかるIT用語

AI（人工知能）	人間のように「賢い」動作をするコンピュータ	14
RPA	事務処理などの業務を自動化する	15
IoT	モノのインターネット	16
ビッグデータ	記録や保管、解析が難しい巨大なデータ	17
フィンテック	ITと金融の融合	18
ブロックチェーン	取引データをまとめる技術	19
仮想通貨	国家が管理しない暗号技術による通貨	20
ドローン	遠隔操作できる無人航空機	21
シェアリングエコノミー	他人と共有・交換して利用する	22
アジャイルとウォーターフォール	仕様の変更を前提に開発する	23
シンギュラリティ	AIが人類を超える	24
VRとARとMR	現実と仮想世界の融合	25
ロングテール	売れない商品も在庫を確保	26
機械学習	人間がルールを教えなくても自動的に学習	27
ディープラーニング	第三次人工知能ブームの立役者	28
POS	店舗での販売数から分析する	29
テレワーク	時間や場所にとらわれない働き方	30
BYOD	従業員のスマホを活用する	31
シャドーIT	企業が把握できない従業員のIT利用	32
QRコード	2次元バーコードの業界標準	33
テザリングとローミング	スマホの通信回線を使用	34
ベストエフォート	通信回線の契約に必須	35
ストリーミング	ダウンロードしながら再生できる	36
ウェアラブル	着用して使う端末	37
データセンター	データの管理に特化した建物	38
仮想化	ないものをあるように見せかける	39
SCM	複数の企業間で物流を統合管理	40
システムインテグレーター	構築から運用まで一括で請け負う	41
内部統制	組織の業務が適正かチェック	42
ユニバーサルデザイン	誰でも使えるデザイン	43

| オープンデータ │ 誰でも自由に使えるデータ | 44
| メインフレーム │ 基幹システムに使われる大型コンピュータ | 45
| GPS │ 位置情報を取得できる | 46
| オフショア │ 拠点を海外に移す | 47
| Column | 48

第2章

Keyword 035～079

セットで覚えるIT用語

| データマイニングとデータサイエンス │ 大量のデータから新たな知識を発見 | 50
| インターネットとイントラネット │ 複数のコンピュータや組織を繋ぐ | 51
| パケット通信と回線交換 │ 安定した通信を実現する | 52
| ADSLと光ファイバー │ 高速なネットワーク | 53
| WANとLAN │ ネットワークの範囲を表す | 54
| プロトコルとOSI参照モデル │ 通信の合い言葉 | 55
| IPアドレスとポート番号 │ ネットワークにおける場所を表す番号 | 56
| ドメイン名とDNS │ コンピュータに名前を付ける | 57
| ルーターとスイッチ │ ネットワークの経路を決める | 58
| クライアント・サーバーとP2P │ コンピュータの役割分担 | 59
| TCPとUDP │ 通信に求められる信頼性と速度を実現する | 60
| DHCPとデフォルトゲートウェイ │ コンピュータをネットワークに接続する | 61
| NATとNAPT │ 複数のコンピュータを同じ住所で管理する | 62
| パケットとフレーム │ 通信の基本単位 | 63
| セッションとコネクション │ 接続状況を管理する | 64
| ドメインとセグメント │ ネットワークの領域を識別する | 65
| CPUとGPU │ コンピュータの頭脳 | 66
| オンプレミスとクラウド │ システムの管理者を変えた | 67
| ファイルと拡張子 │ アプリケーションとひも付ける | 68
| フォルダとディレクトリ │ ファイルを管理する | 69
| 絶対パスと相対パス │ ファイルの場所を示す | 70
| 可逆圧縮と非可逆圧縮 │ ファイルの容量を減らす | 71
| VGAとHDMI │ 映像を出力する | 72
| 文字コードと機種依存文字 │ 環境によって文字が異なる | 73
| 書体とフォント │ 文章の見た目を変える | 74
| フロントエンドとバックエンド │ システムの役割が違う | 75
| インポートとエクスポート │ 他のソフトウェアとデータをやり取り | 76
| アイコンとピクトグラム │ 一目で理解できる表現 | 77
| 著作権とクリエイティブ・コモンズ │ 盗作を防ぐ | 78

OSとアプリケーション	ソフトウェアの役割が違う	79
デキストとバイナリ	2種類に分けられるファイル形式	80
解像度と画素、ピクセル	写真や画像の綺麗さを決める	81
10進法と2進法、16進法	コンピュータ内部での数値表現	82
バージョンとリリース	同じソフトウェアの更新を管理する	83
gitとSubversion	バージョン管理システムの定番	84
モジュールとパッケージ	ライブラリを管理する	85
表計算ソフトとDBMS	データをまとめて管理する	86
SMTPとPOP、IMAP	メールの送受信に使われる	87
検索エンジンとクローラー	インターネット上のデータを収集する	88
シリアルとパラレル	データを高速にやり取りする工夫	89
物理○○と論理○○	頭の中で想像する	90
スケールアウトとスケールアップ	性能を上げる技術	91
SEとプログラマ	システム開発に携わる職種	92
アダプタとコンバータ	データを変換する機器	93
WebサイトとWebページ	インターネット上に公開されている情報	94
Column		95

第3章

Keyword 080〜117

打合せ・ビジネス会話で使われる IT業界用語

工数と人日、人月	開発期間の見積に使われる	98
デファクトスタンダード	多くの人に使われる	99
リソースとキャパシティ	事前の確保が重要	100
ローンチとリリース	一般に公開する	101
カットオーバーとサービスイン	システムの開発終了と利用開始	102
プロジェクトマネジメント	計画通りに作業を進める	103
WBS	必要な作業を細かく分割する	104
SLA	サービスの信頼性を示す	105
SES	IT業界における働き方	106
リテラシー	現代の一般常識	107
エンドユーザー	利用者のことを意識する	108
fix(フィックス)	仕様の変更を許さない	109
トレードオフ	一方を立てればもう一方が立たず	110
アクセシビリティ	どんな人でも使えることを意識する	111
ユーザビリティ	使いやすさを第一に考える	112
デフォルト	多くの人がそのまま使っている	113

しきい値	判断する基準	114
リプレース	新たなシステムに置き換える	115
シミュレーション	いくつかの条件で試す	116
プロトタイプ	試しに作ってみる	117
インターフェイス	異なる機器を繋ぐ	118
UIとUX	利用者の目線で考える	119
インシデントと障害	トラブルに適切に対応する	120
チャネル	効果的に集客する	121
バズワード	一時的に大流行する言葉	122
URLとURI	インターネット上の文書の場所	123
HTTPとHTTPS	コンテンツを転送する	124
アクセスポイント	無線LANに接続する	125
スループットとトラフィック	通信の混雑状況を知る	126
プロキシサーバー	通信の代理人	127
ホームディレクトリとカレントディレクトリ	階層を移動する基点	128
キャッシュ	一度使ったものは保存しておく	129
アーカイブ	古いデータは大切に保管する	130
キャプチャ	データを取り込む	131
コントラスト	明暗をはっきりさせる	132
オムニチャネル	複数の販売経路を考える	133
レガシーマイグレーション	古いシステムを作り変える	134
RFP(提案依頼書)	システム開発の依頼に必須の文書	135
Column		136

第4章

Keyword 118〜156

Webサイトの作成やSNSの運営で使われるIT用語

EC	インターネット上での取引	138
アフィリエイト	Webサイトで広告収入を得る	139
SEOとSEM	検索結果の上位に表示する	140
キュレーション	特定のテーマに沿ってまとめる	141
ソーシャルメディアとSNS	相互に人や企業が繋がるサービス	142
CMS	Webサイトを簡単に更新できるしくみ	143
LP(ランディングページ)	訪問者が最初にアクセスするページ	144
CV(コンバージョン)	Webサイトにおける目標の達成	145
ファーストビュー	スクロールせずに表示される範囲	146
インプレッション	掲載している広告が見られた回数	147

用語	説明	ページ
PV（ページビュー）	特定のページが開かれた回数	148
KPIとKGI	目標を達成するための評価指標	149
ABテスト	複数パターンを比較して評価	150
パンくずリストと階層	閲覧しているページの位置を把握	151
レスポンシブデザイン	画面サイズに応じて自動的にレイアウトが変わる	152
サムネイル	縮小した画像を一覧で表示する	153
リダイレクト	別のURLへ移動させる	154
レンタルサーバー	事業者が用意したサーバーを借りる	155
Webサイトマップ	Webサイトのページ構成を整理する	156
HTML	Webページを作成するための言語	157
CSS（スタイルシート）	Webページをデザインする	158
Cookie	Webサーバーとブラウザ間で状態を管理する	159
ミニマルデザイン	必要最小限の機能に絞る	160
レイヤー	画像処理ソフトなどにおける重なり	161
ラスタライズ	画像をドットでの表現に変換	162
スライス	画像を分割して保存	163
ワイヤーフレームとデザインカンプ	デザイン制作前に作る見本	164
カラム	Webデザインにおける段組み	165
ヘッダ、サイドバー、メイン、フッタ	Webページの構成要素	166
コンテンツ	Webページの本文	167
マッシュアップ	複数の情報を組み合わせて新たなサービスを生成	168
オープンソース	ソフトウェアのソースコードを公開	169
スクレイピング	Webページから情報を抽出する	170
FTPとSCP	安全にファイルを送受信する	171
JPEGとPNG	画像の圧縮技術	172
OGP	SNSでの表示を考えてWebページで行う設定	173
パララックス	スクロール時の速度で立体的に見せる効果	174
マテリアルデザインとフラットデザイン	デザインのトレンド	175
CDN	高速にWebサイトを配信するためのネットワーク	176
Column		177

第5章

Keyword 157〜192

サイバー攻撃と戦うためのセキュリティ用語

用語	説明	ページ
ハッカーとクラッカー	コンピュータやネットワークの知識や技術を持つ人	180
マルウェアとウイルス、ワーム	他のプログラムに感染する	181
パターンファイルとサンドボックス	ウイルス対策の必須技術	182
スパムメール	大量に送信される迷惑メール	183

項目	説明	ページ
スパイウェアとキーロガー	大切な情報を外部に送信する	184
ランサムウェア	身代金を要求するウイルス	185
標的型攻撃	特定の組織を狙う攻撃	186
DoS攻撃	高負荷な状態を作り出す	187
総当たり攻撃とパスワードリスト攻撃	パスワードを狙う	188
ソーシャルエンジニアリング	人間の弱点を狙う	189
二要素認証と二段階認証	パスワードが知られても不正にログインされない	190
シングルサインオン	認証情報を引き継ぐ	191
なりすまし	他の利用者として活動する	192
匿名性	身元を隠して行動する	193
サイバー犯罪	年々増加するネットワーク上の犯罪	194
不正アクセス	ネットワークを通して攻撃する	195
脆弱性とセキュリティホール	攻撃者が狙う不具合	196
ゼロデイ攻撃	修正される前だけ成立する攻撃	197
ISP（プロバイダ）	インターネット接続に必須の組織	198
認証と認可	本人確認に加えて必要な許可	199
アクセス権	人によってアクセスできる範囲を決める	200
暗号化と復号	盗聴されても中身がわからないようにする	201
ハイブリッド暗号	共通鍵暗号と公開鍵暗号の組み合わせ	202
ハッシュ	改ざんの検出に使われる	203
電子署名	本人が作成したことを確認する	204
証明書	第三者によるお墨付き	205
SSL/TLS	通信を暗号化する	206
WEPとWPA	無線LANの暗号化方式	207
VPN	公衆無線LANでも安全な通信を実現	208
パケットフィルタリング	通信経路上で内容を確認	209
危殆化	暗号の安全性が脅かされる	210
デジタルフォレンジック	PCに残る記録を分析	211
ファイアウォール	不正な通信を遮断する	212
情報セキュリティ（3要素）	セキュリティのCIA	213
システム監査とセキュリティ監査	内部と外部の二重チェック	214
シンクライアント	端末にデータを保存しない	215
Column		216

第6章
IT業界で活躍する人の基本用語

Keyword 193～230

項目	説明	ページ
五大装置	どのコンピュータにも共通する装置や機能	218
IC（集積回路）	小さな部品の組み合わせ	219
デバイスとデバイスドライバ	PCの周辺機器を操作	220
ストレージ	大容量が求められる記憶装置	221
マウント	記憶装置を使える状態にする	222
UPS（無停電電源装置）	落雷などによる停電に対応	223
ブレードPC	データセンター用のコンピュータ	224
仮想マシン	ソフトウェア上でコンピュータを動かす	225
仮想メモリ	ソフトウェアで実現するメモリ管理	226
プログラミング言語	コンピュータへの指示を書く	227
ソースコードとコンパイル	コンピュータが読める形に変換	228
アルゴリズムとフローチャート	処理手順を効率化	229
手続き型とオブジェクト指向	ソースコードの保守性を高める	230
関数型と論理型	手順よりも目的を記述する	231
バグとデバッグ	プログラミングのミスを修正する	232
単体テストと結合テスト	プログラムの動作を確認する	233
ブラックボックステストとホワイトボックステスト	異なる視点でテストする	234
カバレッジとモンキーテスト	網羅性を確認する	235
フレームワーク	開発効率の向上に貢献	236
ペアプログラミング	作業効率と品質の向上に役立つ	237
プロパティ	設定を変更、表示する	238
ガーベジコレクション	不要になったメモリ領域を解放	239
リファクタリング	動作を変えずにソースコードを洗練	240
カーネル	OSの中核部分	241
APIとSDK	開発に必要なライブラリを呼び出す	242
MVCとデザインパターン	オブジェクト指向でよく使われる定石	243
データ型とNULL	プログラムで格納できるデータを指定	244
キューとスタック	データを一列に格納	245
関数と引数、手続きとルーチン	ひとまとめの作業を整理	246
再帰呼び出し	自分自身を呼び出す関数	247
リレーショナルデータベースとSQL	複数の表をひも付けて管理	248
テーブルとインデックス	データを表形式で管理	249
正規化と主キー	扱いやすいようにテーブルを分割	250
トランザクションとチェックポイント	データの消失を防ぐ	251
デッドロックと排他制御	同時更新を避ける	252

ストアドプロシージャ	一連の処理をまとめて実行	253
負荷分散	複数の機器で処理を分担	254
ホットスタンバイとコールドスタンバイ	障害発生に備える	255
Column		256

第7章

Keyword 231〜256

IT業界で知っておくべき人物

アラン・チューリング	チューリング・テストの考案者	258
クロード・シャノン	情報理論の父	259
エドガー・F・コッド	関係モデルを発明	260
ジョン・フォン・ノイマン	ノイマン型コンピュータの概念を発表	261
ジョン・バッカス	バッカス・ナウア記法の考案者	262
ジョン・マッカーシー	フレーム問題の提唱者で、LISPの開発者	263
マービン・ミンスキー	人工知能の父	264
ゴードン・ムーア	ムーアの法則の提唱者	265
エドガー・ダイクストラ	構造化プログラミングの提唱者	266
ドナルド・クヌース	文芸的プログラミングの提唱者	267
スティーブン・クック	NP完全問題の存在を証明	268
アラン・ケイ	パソコンの父	269
ラリー・エリソン	Oracle社の共同創業者	270
リチャード・ストールマン	フリーソフトウェア活動家	271
ポール・アレン	Microsoft社の共同創業者で、ハードウェアにも造詣が深い	272
ティム・バーナーズ＝リー	WWWの父	273
エリック・シュミット	Google社(現Alphabet社)の元CEO	274
ビル・ゲイツ	Microsoft社の共同創業者で、プログラマとしても有名	275
スティーブ・ジョブズ	Apple社の共同創業者	276
ティム・クック	Apple社のCEO	277
マイケル・デル	DELL社の創業者	278
リーナス・トーバルズ	Linuxの開発者	279
イーロン・マスク	テスラ社のCEO	280
ラリー・ペイジ、セルゲイ・ブリン	Google社(現Alphabet社)の共同創業者	281
マーク・ザッカーバーグ	Facebook社の共同創業者	282
ジェフ・ベゾス	Amazon社の共同創業者	283
Column		284

あとがき	285
索引	286

本書の使い方

　文系出身の方や転職者などで、全くIT知識がない方は、まずは第1章から読み進めてください。用語を一言で説明した「概要」と「用語の解説」を読んだ後に「イラスト」を見ると、大まかな意味をつかめます。さらに詳しく知りたい方は、「用語に関連する話」を読んであらゆる視点で理解を深めましょう。

❶ **用語名** …… 該当ページで解説している用語です。

❷ **読み仮名** …… すべての項目の用語に読み仮名を記載しています。

❸ **概要** …… 一言で簡潔に表した用語の意味です。

❹ **用語の解説** …… 用語の意味や特徴、間違えやすい用語との使い分けなどを詳しく説明しています。

❺ **イラスト** …… 用語をできるだけ身近なものにたとえてイラスト化しているので、大まかな意味をつかむのに役立ちます。

❻ **用語に関連する話** …… 用語を別の角度から理解するための関連話を紹介しています。

❼ **用語の使用例** …… 用語の使い方がわかるように、例文を掲載しています。第7章は「偉人のここがスゴイ！」として人物の功績を掲載しています。

❽ **関連用語** …… 該当ページで解説している用語と併せて知っておいたほうが良い用語と該当ページを記載しています。

※略語については元の言葉を索引に記載しています。

第 1 章

ニュースがよくわかる
IT用語

Keyword 001〜034

▶えーあい　　　　　　　　　　　　　　　Keyword 001

AI（人工知能）

人間のように「賢い」動作をするコンピュータ

人工知能とも呼ばれ、人間のように知的な作業をコンピュータができるように作られたソフトウェア。人間と同じように考えるコンピュータは実現できていないが、囲碁や将棋、画像処理など、特定の領域に特化した探索や推論では人間を超える成果が得られている。現在は第三次人工知能ブームとも呼ばれ、多くの研究者が競って研究を進めている。

用語に関連する話

AIとロボットの違い
AIは学習によって進化するソフトウェアなのに対し、ロボットは事前に用意された作業を自動的に行うような装置を指す。ロボットにもAIが搭載されつつある。

実用化されている例
囲碁や将棋で人間のプロに勝っただけでなく、画像認識などの分野でも使われている。将来は車の自動運転や、家事ロボットなどの実用化が期待されている。

AIの開発言語の変化
昔はLISPやPrologなどのプログラミング言語がAIの開発に多く使われたが、現在はPythonなどの統計ライブラリが豊富な言語が多く使われている。

用語の使用例
「今後、家事や育児をこなすAI搭載ロボットも開発されるかも。」

関連用語
シンギュラリティ……P24　機械学習……P27　ディープラーニング……P28

14

Keyword 002

▶あーるぴーえー

RPA

事務処理などの業務を自動化する

コンピュータ内に仮想的に用意されたロボットが、定められたルールに沿って自動的に処理するツール。複数のアプリケーションを横断する処理を「プログラミングなし」で実現できるため、事務処理などを行う担当者がプログラマに依頼することなく業務を効率化することが期待されている。

用語に関連する話

マクロとの違い
Excelなどの表計算ソフトには操作手順を記録して自動実行するマクロ機能があるが、RPAでは複数のアプリケーションを横断して自動化できる。

工場でのロボットとの違い
製造業ではロボットを使った業務改善を進めており、FAと呼ばれる。RPAはFAを経理や会計、総務、庶務などの事務処理に応用したものと言える。

AIとの違い
RPAが定型的な業務を自動化するのに対し、最新の人工知能の技術を使って高度な自動化を実現する手法をCognitive Automationと言う。

用語の使用例
「最近流行りのRPAを導入したら残業が減るかな?」

関連用語
シャドーIT ……P32　スクレイピング ……P170

Keyword 003
▶あいおーてぃー

IoT

モノのインターネット

PCやスマホだけでなく、カメラやセンサー、家電などあらゆる機器がインターネットに繋がることを指す言葉。離れた場所からでもインターネット経由で自宅にある機器を制御できるだけでなく、センサーによって制御できるため、自動運転や農業、健康管理など、幅広い分野での機器の開発が期待されている。

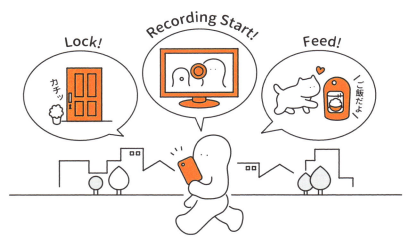

用語に関連する話

ユビキタスとの関係性
1990年頃に使われたユビキタスという言葉は、いつでもどこでもコンピュータでネットワークに接続できる状態を指し、現代のIoTに繋がると言われている。

エッジコンピューティング
センサーなどから集めたデータを離れたサーバーではなく、端末の近くに設置したサーバーで分散処理することで負荷の低減や応答速度の向上を狙うこと。

M2M
Machine to Machine の略で、機械同士が通信して動作するしくみを指す。人間が介在しない構成で、IoTよりも大規模な用途を指すことが多い。

用語の使用例
「あ、鍵を掛け忘れた！ IoT化していればな……。」

関連用語
ビッグデータ……P17　ウェアラブル……P37

16

Keyword 004

ビッグデータ

記録や保管、解析が難しい巨大なデータ

一般的なコンピュータでは扱うのが困難なほど多くのデータのこと。「3つのV」とも言われ、Volume（容量が大きい）、Velocity（速度が求められる）、Variety（多様な種類がある）という特徴を持つ。大量のデータを保管して分析することで、これまで見つからなかったような知見の獲得や、新たなしくみの誕生が期待されている。

第1章 ニュースがよくわかるIT用語

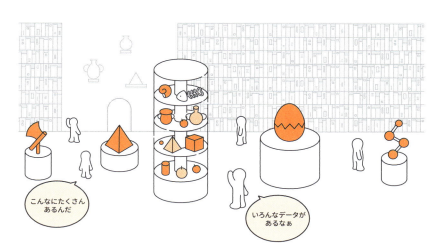

こんなにたくさんあるんだ

いろんなデータがあるなぁ

用語に関連する話

Volume（大量）とは
これまでは人間が発信・作成するデータが中心だったが、センサーやカメラなどの機器が情報を集めることで、圧倒的に多くのデータを扱えるようになった。

Velocity（高速）とは
従来はデータベースに蓄積したデータを分析するという使い方が中心だったが、頻繁にデータが発信されるため、リアルタイムな処理が求められるようになった。

Variety（多種）とは
データベースに格納されているデータは整形されていて扱いやすいが、ビッグデータで扱うのは文字だけでなく音声や動画など多岐にわたる。

用語の使用例

「社内のビッグデータを全員で閲覧できるようにして活用しよう。」

関連用語

（IoT）……P16　（オープンデータ）……P44　（データマイニングとデータサイエンス）……P50

17

Keyword 005
▶ふぃんてっく

フィンテック

ITと金融の融合

金融（Finance）と技術（Technology）を組み合わせた造語で、決済や資産管理などの金融サービスをITの活用で便利にすること。スマホを使った電子決済サービスや、家計簿との連携、投資や運用の支援、仮想通貨の活用など、多くの事業者が新たなフィンテックのサービスを競っている。

用語に関連する話

電子マネーの普及
電子マネーは現金の代わりにICカードやスマホなどを使ってデータ化したお金での決済方法。小銭の持ち運びが不要になり、決済時間の短縮にも繋がる。

資産の一元管理に活用
銀行や証券会社、クレジットカードなどの個人資産を一元管理できるサービス（PFM）が登場している。従来の家計簿とは違い、データの自動収集などが可能。

金融業界でのAIの活用
投資に関するアドバイスや運用を行う「ロボ・アドバイザー」などITを駆使したサービスが登場し、自分に合った運用スタイルが提案され、自動運用できる。

用語の使用例
「フィンテックで新サービスがどんどん出てくると銀行員は大変だね。」

関連用語
ブロックチェーン……P19　仮想通貨……P20　QRコード……P33

▶ぶろっくちぇーん　　　　　　　　　　　　　　　　　　　　　　Keyword 006

ブロックチェーン

取引データをまとめる技術

取引の記録を「ブロック」と呼ばれる一定の大きさに区切られたスペースに格納し、鎖（チェーン）のように連結させたしくみ。ブロックは複数のコンピュータに分散して保存され、記録の改ざんが難しいという特徴がある。従来よりも運用コストの軽減が期待でき、その技術がビットコインなどの仮想通貨やフィンテックなどに応用されている。

第1章　ニュースがよくわかるIT用語

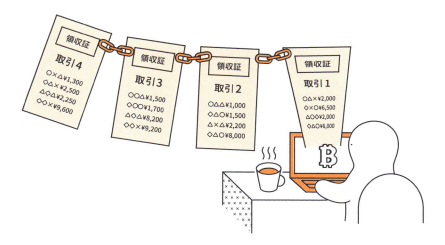

用語に関連する話

中央集権との比較
法定通貨での取引は、政府に権限が集中するので中央集権である。ブロックチェーンではユーザー間で記録を管理し、特定の管理者がいないため非中央集権と呼ぶ。

マイニングによる報酬
ブロックの生成に必要な膨大な計算をコンピュータで行うことをマイニングと言う。最も早く正しいブロックを生成した人に報酬が与えられる。

改ざんを防止するしくみ
情報を少しでも書き換えると、算出されるハッシュ値が変わり、繋がっているすべてのブロックのハッシュ値を変更する必要があるため、情報の改ざんは困難。

用語の使用例
「ブロックチェーンって仮想通貨以外のデータを記録するのにも使えるの?」

関連用語
フィンテック……P18　仮想通貨……P20　クライアント・サーバーとP2P……P59

19

▶かそうつうか　　　　　　　　　　　　　　　　　　　　Keyword　007

仮想通貨

国家が管理しない暗号技術による通貨

特定の国家が管理するのではなく、ブロックチェーンなどの技術により管理されている通貨。暗号技術によって実現されていることから、暗号資産（英語では Cryptocurrency）という言葉が使われることもある。ビットコインをはじめとした多くの仮想通貨が存在し、実際に決済や投資に利用されている。

用語に関連する話

仮想通貨による資金調達
株式ではなく独自の仮想通貨を発行し、それを購入してもらうことをICOと言い、通貨価値の高まりなどを期待して投資してもらう方法が使われる。

分散コンピューティング
複数のコンピュータで同時に計算を行い、それぞれがネットワーク経由で通信して連携することで高速に処理するしくみを分散コンピューティングと呼ぶ。

億り人の登場
株やFXなどの取引によって短期間に膨大な資産を築き上げた人を億り人と言う。仮想通貨の価格が高騰したことで、数多くの人が億り人になったと言われている。

用語の使用例
「仮想通貨で儲かった人もいるみたいだけど、ちょっと不安なんだよね。」

関連用語…
フィンテック……P18　ブロックチェーン……P19

▶どろーん　　　　　　　　　　　　　　　　　　　　Keyword 008

ドローン

遠隔操作できる無人航空機

人間がリモコンを使って操作したり、設定された指示に従って自律飛行したりする小型の無人航空機。室内で使用するような小型のものだけでなく、屋外で宅配に使われるような大型のものまで幅広いサイズが登場している。最近では空からの撮影にも使われることが多く、趣味や仕事などさまざまな場面で使われている。

第1章　ニュースがよくわかるIT用語

用語に関連する話

ドローン特区の設置
墜落などの危険性やセキュリティ上の問題から、街での使用は禁止されているため、一部のエリアでは講習や研究などの目的でのみ使用が認められている。

軍事用ドローンの登場
空中からの調査や攻撃に使われる目的で軍事用ドローンの研究が進められている。無人のため攻撃を受けてもリスクが小さいという特徴がある。

自動と自律の違い
自動運転のように「自動」を使う場合は人間が責任を持つことが多いが、自律飛行のように「自律」を使う場合は機械が自ら判断する意味が込められることが多い。

用語の使用例
「ドローンを使えば、上空の撮影や宅配もできるね。」

関連用語
GPS ……P46

21

▶しぇありんぐえこのみー　　　　　　　　　　　　　　　　　　　Keyword 009

シェアリングエコノミー

他人と共有・交換して利用する

他人と共有して資産を所有せずに利用することや、その仲介サービスのこと。インターネット上で提供されるマッチングサービスやアプリを利用することで、簡単に相手を見つけることができる。車や自転車、住宅などのように昔からレンタルサービスがあるものだけでなく、服や家具などあらゆるものに広がっている。

用語に関連する話

民泊の普及
個人が所有する一般の住宅を旅行者などに宿泊の目的で貸し出すサービスを民泊と言い、Airbnbなどのサービスの登場により一気に普及した。

移動手段を共有する
同じ目的地に移動する人が、自家用車などに相乗りしてガソリン代などを負担しあうことをライドシェアと言い、その仲介を行うサービスもある。

価値観の違う世代の登場
2000年代に成人や社会人になる人をミレニアル世代と言う。これまでの世代とは価値観が違うと言われており、他の年代と比べてシェア消費に対する意欲が高い。

用語の使用例

「シェアリングエコノミーが普及したら便利だろうな。」

関連用語

匿名性 ……P193

▶あじゃいる ▶うぉーたーふぉーる　　　　　　　　　　　　　　　　　Keyword 010

アジャイルと
ウォーターフォール

仕様の変更を前提に開発する

仕様の変更を前提に、開発工程を短く区切って作りながらフィードバックを反映する開発手法をアジャイルと言う。一方、立ち上げ当初の仕様を満たしたら開発終了と判断する開発手法をウォーターフォールと言い、銀行などの大規模な案件に適している。

第1章 ニュースがよくわかるIT用語

ウォーターフォール

アジャイル

 用語に関連する話

テストの重要性
アジャイル開発では、プログラムよりも先にテストを作成するテスト駆動開発がよく使われる。バグや無駄なコードによるリスクを最小限にすることが主な目的。

仕様変更への積極的な対応
アジャイル開発方法の代表例にXPがある。変更に柔軟に対応するため、5つの価値（ポイント）と19の具体的なプラクティス（実践方法）が定義されている。

カンバン方式との比較
工場などでは、必要なものを必要なときに必要なだけ生産するカンバン方式が導入されている。無駄をなくすという目的ではアジャイルと共通している。

用語の使用例

「これまでウォーターフォールで開発してたけど、今後はアジャイルにしようかな。」

関連用語

工数と人日、人月 ……P98　WBS ……P104　fix ……P109

23

Keyword 011
▶しんぎゅらりてぃ

シンギュラリティ

AIが人類を超える

人工知能の発達により、AIが人間を超える知性を得る、もしくはそれが世界に与える変化のこと。人間の生活に影響があると想像されており、「技術的特異点」と訳されることが多い。2005年にレイ・カーツワイルによって発表された論文にて、2045年にも訪れるという説が提示されて話題になった。

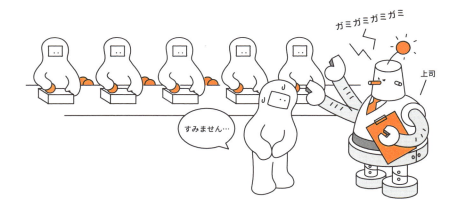

用語に関連する話

強いAIを目指す
人間と見分けがつかないレベルまで発達した人工知能のことを「強いAI」と言い、コンピュータが自律的に考えて行動し、精神や自意識を持つ状況を指す。

現在のレベルは弱いAI
真に思考せず、問題解決や推論を行う場合に人間のような動きをするように作られた人工知能を弱いAIと言い、現在はこのレベルにとどまっている。

収穫加速の法則
技術が直線的に進化するのではなく、複数の発明が結びつくことで指数関数的に進化することを示す法則。ムーアの法則を超えるとも言われる。

用語の使用例
「シンギュラリティが起これば、ロボットに叱られることもあるかも。」

関連用語
AI ……P14　機械学習 ……P27　ディープラーニング ……P28

▶ぶいあーる ▶えーあーる ▶えむあーる　　　　　　　　　　　　　　　　Keyword　012

VRとARとMR

現実と仮想世界の融合

VRは「仮想現実」と呼ばれるように、現実的な空間ではなく、デジタルで作られた仮想的な空間を体感することを指す。ARは「拡張現実」と呼ばれるように、現実的な空間にデジタルで作られた空間を組み合わせている。また、MRは「複合現実」と呼ばれ、ARをさらに発展させて現実世界と仮想世界をより密接に融合させたものを指す。

第1章　ニュースがよくわかるIT用語

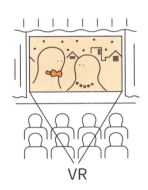
VR

AR

MR

 用語に関連する話

映像を見る装置が必要
VRの映像を見るためには眼鏡のような端末が必要となる。スマホを使用するゴーグルだけでなく、単独で動作するヘッドセットなどがよく使われる。

大流行したポケモンGO
現実の世界が映っている画面上に現れる「ポケモン」と呼ばれる生き物を捕まえるスマホゲームがある。スマホのカメラ機能と連動したARが使われている。

ビジネスでも使われるMR
Microsoft社が開発したHoloLensは単体で動作するヘッドマウントディスプレイで、透過型で現実世界と重ね合わせることで、MRを実現している。

用語の使用例
「VRゴーグルでジェットコースターに乗った気分が味わえるよ。」

関連用語
ウェアラブル……P37

Keyword 013
▶ろんぐてーる

ロングテール

売れない商品も在庫を確保

販売数の少ない商品でも在庫を確保することで、販売機会を逃さず、売上に繋げること。オンラインショップのように実店舗を持たず、地価の安い地域に巨大な倉庫を持つことで幅広い商品を取り揃え、顧客がいつでも商品を購入できる状況を作って売上を大きくする。「人気商品を売る」という戦略とは反対の戦略だと言える。

📖 用語に関連する話

パレートの法則とは
80:20の法則などとも言われる。「売上の8割は全商品の2割から生まれる」という経験則で、全体の大部分は一部の要素から生み出されることを指す。

ニッチな商品を狙う
ロングテールでは、ニーズはあるが、市場が小さいため大企業があまり力を入れていないニッチ分野も取り揃える。他社が気づきにくいところに商機があると考える。

購買履歴による推薦が重要
過去の購買履歴などを基にして、その顧客に薦められる商品を提示することをレコメンデーションと言い、顧客のニーズに合った商品を見つけ出す役割を担う。

用語の使用例
💬「ロングテール戦略で、ニッチ商品も販売できるようになったよ。」

関連用語
(SCM) ……P40　(EC) ……P138

▶きかいがくしゅう　　　　　　　　　　　　　　　　　　　　Keyword 014

機械学習

人間がルールを教えなくても自動的に学習

人工知能の研究に使われている技術で、人間がルールを個別にプログラミングしなくてもコンピュータ自身が学習する手法の総称。ある程度の量がある訓練データを使って統計的な処理を行い、ルールや判断基準などを導き出し、予測や分類などに使われる。「教師あり学習」や「教師なし学習」、「強化学習」などの手法がある。

第1章 ニュースがよくわかるIT用語

機械学習搭載のロボットは勝手に賢くなるよ

用語に関連する話

教師あり学習とは
訓練用に入力されたデータに対する正解・不正解を事前に与え、その入力に対する処理結果と比較することで処理の精度を上げる学習法を教師あり学習と呼ぶ。

教師なし学習とは
与えられた訓練用のデータには正解や不正解が存在せず、データが持つ構造や特徴を抽出することを目的に学習させる手法を教師なし学習と呼ぶ。

強化学習とは
機械に与えた訓練用のデータを処理した結果に対して報酬を与えることで、報酬が多くなるような方策を学習する手法を強化学習と呼ぶ。

用語の使用例
「機械学習で社内のたくさんのデータを何かに活用できないかな?」

関連用語…
AI ……P14　シンギュラリティ ……P24　ディープラーニング ……P28

27

Keyword 015
▶でぃーぷらーにんぐ

ディープラーニング

第三次人工知能ブームの立役者

機械学習の手法の1つ。以前は判断材料を多く（階層を深く）すると処理に時間がかかり良い結果が得られなかったが、大量のデータが用意できるようになったことや、コンピュータの性能向上などにより、高い正解率が得られるようになった。「ニューラルネットワーク」の階層を深くしたという特徴から「深層学習」とも呼ばれる。

川のように合流、分岐を繰り返してデータを自然に識別できるイメージ

用語に関連する話

ニューラルネットワークとは
人間の脳の神経細胞を模した考え方。与えられた判断材料（入力）の重要度がネットワークを伝わりながら計算され、正解（出力）が得られるように学習するしくみ。

囲碁で人間に勝利
Google社は囲碁プログラムの「AlphaGo」を開発した。ディープラーニングを使い、自分自身との対局を繰り返して強くなり、人間のプロ棋士に勝ったことで有名。

どうやって学習するか
ニューラルネットワークにおいて、出力値と正解との誤差を入力方向に戻しながらそのパラメータを学習する方法に誤差逆伝播法がある。

用語の使用例

「最近は画像処理にディープラーニングが使われているらしいよ。」

関連用語

AI ……P14　シンギュラリティ ……P24　機械学習 ……P27

▶ぽす

Keyword 016

POS

店舗での販売数から分析する

スーパーやコンビニなどで商品を販売した段階で、商品名や価格、数量、日時などの情報を収集、分析するしくみ。リアルタイムに売れ行き動向を確認でき、在庫を最適化し、欠品の防止や売れ残りの削減などに繋がるだけでなく、バーコードなどを利用することで店頭での事務作業の軽減や簡素化、店員の教育コストの低減などに繋がる。

第1章 ニュースがよくわかるIT用語

用語に関連する話

意思決定を支援するツール
企業が持つデータの抽出や分析、加工といった処理を自動化し、専門家以外でも使えるようにしたソフトウェアとしてBIツールがある。

購買履歴の分析手法
購買履歴からRecency（最近購入された）、Frequency（購入の頻度）、Monetary（購入した量）といった指標で分析する手法にRFM分析がある。

主力商品を選ぶ
在庫管理などで重要度の高いものから順にA、B、Cのようにクラス分けし、それぞれに管理手順を定めることで効率的に管理する方法にABC分析がある。

用語の使用例
「POS情報があると本社でもタイムラグがなく分析できるね。」

関連用語
SCM ……P40

▶てれわーく　　　　　　　　　　　　　　　　　　　　Keyword 017

テレワーク

時間や場所にとらわれない働き方

コンピュータやネットワークなどを活用し、時間や場所にとらわれずに働くこと。いつでもどこでも働けることで、渋滞や満員電車などの都市ならではの問題や、高齢化や介護など家族の問題を解決するために有効だと考えられている。一方で、労働時間の管理が難しく、長時間労働に繋がる、人事評価が難しいなどの問題も指摘されている。

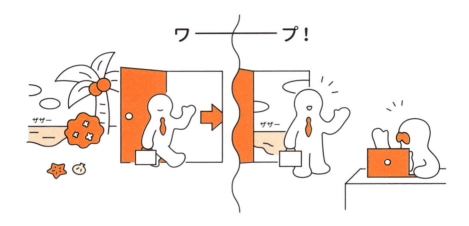

用語に関連する話

サテライトオフィスの設置
本社などから離れた郊外に小規模なオフィスを設置することで、従業員の通勤時間の削減やオフィスの賃料の減額といった効果を見込む。

自宅などの活用
自宅や小規模のオフィスで、PCやインターネットを活用して仕事をするスタイルのことをSOHOと言い、さまざまな業種で使われている。

ワークライフバランスの普及
仕事に集中しすぎてうつ病や過労死になる、逆に働く時間が短く収入が得られないことなどを防ぐため、仕事とプライベートのバランスを取る働き方が増えている。

用語の使用例

「育児もあるから、テレワークできる環境を整えてほしいな。」

関連用語

(VPN) ……P208　(シンクライアント) ……P215

30

▶びーわいおーでぃー　　　　　　　　　　　　　　　　　　　Keyword 018

BYOD

従業員のスマホを活用する

企業が従業員に業務用のスマホなどを配布するのではなく、従業員が持つ個人用のスマホなどを業務に活用すること。企業側は端末を支給する必要がなくなるためコストを削減できる。従業員側は端末が1台になり持ち運びが楽になるなどのメリットがある一方、情報漏えいのリスクなどがある。

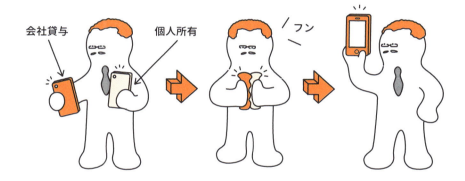

用語に関連する話

必須のセキュリティ
BYODの実施は、セキュリティリスクを高めるため、企業側で携帯端末を一元管理すること（MDM）が必須。管理者が遠隔ロックや現在地を把握できる製品もある。

コストダウン
従業員の端末の活用により、機器代や月額の通信料など、導入から運用、管理などの維持費（ランニングコスト）を下げることができる。

BYODの普及
スマートデバイスの普及に伴い、BYODも一般化した。スマートデバイスはネットワークに接続できる情報機器で、スマホやタブレット、デジタル家電などがある。

用語の使用例

「BYODを導入している会社なら、個人のスマホを仕事で使えるよ。」

関連用語

シャドーIT ……P32

Keyword 019

▶しゃどーあいてぃー

シャドーIT

企業が把握できない従業員のIT利用

企業の情報システム部門が把握していないようなソフトウェアやサービスを従業員が勝手に使用していること。インターネット上で提供されているサービスの使用は、情報漏えいのリスクがあるので、禁止している企業も多い。一方で、禁止するだけでは問題が解決しないため、会社側で利用者の求めるサービスを用意することも求められている。

用語に関連する話

隠れて使われるサービス
USBメモリの使用が禁止されている会社が多く、インターネット上でファイルを共有するオンラインストレージサービスが隠れて使われることが多い。

導入が進む会話ツール
リアルタイムで文字や画像、音声などを送受信できるチャットツールをメールと併用して導入する企業もある。開封状況や経緯がわかりやすいというメリットがある。

コンテンツフィルタリング
インターネットを利用している通信の内容を監視し、不適切なサイトや情報発信が可能なサイトにアクセスしている場合、遮断することなどを指す。

用語の使用例
「シャドーITを防ぐために、サービスの利用ルールが必要だ。」

関連用語…
(RPA)……P15 (BYOD)……P31

Keyword 020

▶きゅーあーるこーど

QRコード

2次元バーコードの業界標準

通常のバーコードは縦線の横幅のみで情報を表現するため、表現できるデータ量が少ないのに対し、QRコードでは2次元にすることで文章など多くのデータを表現できる。URLなどを格納するだけでなく、近年では決済などに使用され、電子マネーとしての役割を果たしている。

第1章 ニュースがよくわかるIT用語

用語に関連する話

決済への応用
スマホなどを活用して店頭でQRコードを読み取り、金額を入力して決済する方法で、小規模店舗でも導入コストを抑えて、簡単に電子決済を導入できる。

3か所の大きな四角形
QRコードのバーコードでは、正方形の4つの角のうち3か所に大きな四角いマークを配置し、これを認識することでどの方向からでも読み込めるようにしている。

複数のバージョンがある
QRコードには、格納したい情報の量によって複数のバージョンがある。それぞれ白と黒の点の数が異なり、格納したいデータが多いとサイズも大きくなる。

用語の使用例
「印刷物にはQRコードを印刷して、スマホでアクセスしてもらおう。」

関連用語↴

URL と URI ……P123

▶てざりんぐ ▶ろーみんぐ　　　　　　　　　　　　　　　　　　　Keyword 021

テザリングとローミング

スマホの通信回線を使用

テザリングはスマホなどを経由して、PCやタブレット端末でインターネットに接続すること。スマホとの接続に無線LANやUSB、Bluetoothを使う方法などがある。ローミングは他の通信会社と提携して通信できるようにすること。海外では契約している通信会社のサービスエリア外でも、提携している他の事業者のエリアで同じように使える。

用語に関連する話

モバイルルーターの普及
スマホでは定額での通信量に上限があるため、小型の通信端末(モバイルルーター)を使う人が増えている。設置工事は不要で複数のPCやスマホで利用可能。

無線LANに必要な機器
PCなどの端末を無線LAN接続するには、電波を送受信する機器(アクセスポイント)が必要。PCなどの端末には電波を送受信する無線LANアダプタが付いている。

テザリングできるBluetooth
近距離で無線通信を実現する技術の1つ。キーボードやマウスなどの周辺機器を接続するだけではなく、無線LANなどのネットワークにも使われる。

用語の使用例

「海外ではローミング機能のあるスマホでテザリングしよう。」

関連用語

ISP ……P198

▶べすとえふぉーと　　　　　　　　　　　　　　　　Keyword 022

ベストエフォート

通信回線の契約に必須

利用者が最良の結果を得られるように事業者が努力すること。通信事業者がベストエフォートと言う場合、「表記されている速度は現実的には保証できないが、それに近づけるように努力する」という意味がある。コンピュータや中継機器の性能や設定、同時に使用する台数などによって通信速度は変わるため、記載の速度が出ることはほぼない。

第1章 ニュースがよくわかるIT用語

用語に関連する話

ADSLでの速度低下
ADSLは電話回線を使用するインターネット接続方法。送信と受信の通信速度が違うという特徴がある。収容局からの距離が離れると通信速度が低下する。

ベストエフォートの対義語
対義語はギャランティ型と言われ、契約速度を保証すること。アクセス集中などによる速度低下を避けるため、専用線を引いている企業などもある。

通信回線の最後の区間
通信事業者から利用者の建物に引かれる回線区間の最後をラストワンマイルと言う。建物の構造や立地によって、ケーブルを建物内に引き込めない場合もある。

用語の使用例
「ベストエフォートだから思ったほど速度が出ないんだよね。」

関連用語
ADSLと光ファイバー……P53　ISP……P198

▶すとりーみんぐ　　　　　　　　　　　　　　　　　　　　　　Keyword 023

ストリーミング

ダウンロードしながら再生できる

主に動画や音声をインターネットなどからダウンロードしながら再生する方法。データをダウンロードの途中で再生することで、利用者が視聴するまでの待ち時間を減らすことができる。また、複製が難しいため著作権の管理もしやすくなる。ただし、通信速度や回線品質によっては、動画や音声が途切れてしまうという問題もある。

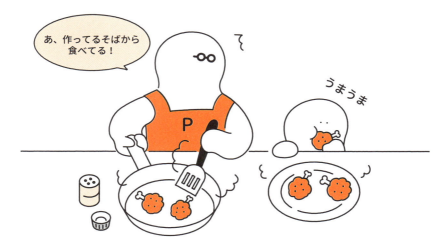

用語に関連する話

著作権を保護するDRM
動画や音声などをダウンロードして勝手にコピーされると困るため、コピーしても再生などができないようにする技術をDRM(デジタル著作権管理)と言う。

ライブストリーミング
カメラで映像を撮影しながら、リアルタイムで誰でもインターネットなどで配信できる環境が整いつつある。芸能人が配信したり、セミナーの中継も増えている。

ポッドキャスト
インターネット上で音声や動画を配信する方法の1つ。その番組を購読登録しているリスナーは、新しい番組が公開されると自動的に取得できる。

用語の使用例
「映画をストリーミングするには高速な回線が必要だね。」

関連用語
ADSLと光ファイバー ……P53　CDN ……P176

▶うぇあらぶる

Keyword 024

ウェアラブル

着用して使う端末

スマホのように持ち運ぶのではなく、服や腕などに着用して使うことを想定した端末。時計や眼鏡のような端末を身につけることで、血圧や心拍数などの生体情報を取得できたり、携帯電話への着信などをバイブレーション機能などを使って通知できたりする。今後の普及が期待されている。

第1章 ニュースがよくわかるIT用語

用語に関連する話

通知が可能なスマートウォッチ
時計機能に加えて通信機能や決済機能、歩数計などの機能を備え、小型のディスプレイにメールやSNSの通知なども表示可能な端末が多く使われている。

センサーを活用した活動量計
歩数や心拍数、血圧、睡眠時間の計測など手軽に健康管理に役立つデータを取得できる機器がスマートウォッチなどに搭載されている。

眼鏡型の端末に注目
スマホなどと連動してARなどの機能を備える「スマートグラス」が登場してきており、より軽量でデザイン性に優れた機器が期待されている。

用語の使用例
「ウェアラブルなら家に置き忘れる心配がなくて安心だね。」

関連用語
(IoT)……P16 (VRとARとMR)……P25

37

Keyword 025

データセンター

データの管理に特化した建物

多くのサーバーやネットワークなどを格納した、データの管理や運用に特化した建物を指す。熱効率が良く省エネであり、地震などの災害に備えて電源やネットワークなどを二重化して可用性を確保しており、多くの企業が利用している。ホスティングやハウジングといった使い方だけでなく、最近ではクラウドの形態での利用も広がっている。

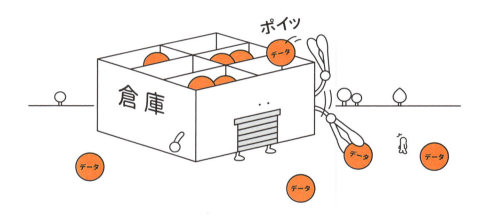

用語に関連する話

グリーンITを目指す工夫
地球環境を守るために、データセンターを寒冷地に設置する、空調設備を工夫する、サーバーの構成を変えるなどの工夫が考えられている。

サーバーを借りる
レンタルサーバーのようにデータセンター事業者が用意したサーバーを使用し、その管理や運用は事業者に委託する方法をホスティングと言う。

スペースを借りる
データセンター事業者のスペースを借りて、自社で用意したサーバーを設置する方法をハウジングと言う。サーバーの管理や運用は基本的に自社で行う。

用語の使用例
「データセンターに行ったらたくさんのコンピュータが並んでいて壮観だったよ。」

関連用語
メインフレーム……P45　UPS……P223　ブレードPC……P224

▶かそうか

Keyword 026

仮想化

ないものをあるように見せかける

CPUやメモリ、ディスク、ネットワークなどを疑似的にソフトウェアで実現すること。1つのハードウェアを複数に見せかけたり、逆に複数のハードウェアを1つに見せかけたりできる。例えば、仮想マシンを使うと、1つのコンピュータ上で複数のコンピュータやOSを使えるため、macOS上でWindows 7やWindows 10を実行するなどの使い方が可能。

第1章 ニュースがよくわかるIT用語

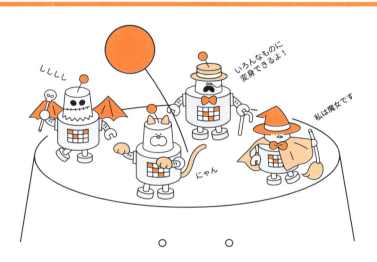

用語に関連する話

ディスクを仮想化
仮想ディスクは、ハードディスクやCDなどを仮想化し、イメージファイルと呼ばれるファイルに保存することで、ディスクが挿入されているかのように扱える。

メモリを仮想化
仮想メモリは物理的なメモリの容量にとらわれずに使えるメモリのしくみ。ハードディスクなどの記憶装置を仮想的に使用し、大容量のメモリとして扱える。

ネットワークを仮想化
仮想ネットワークは、ルーターやスイッチなどのハードウェアを仮想化することで、ネットワークの保守・運用・管理の手間とコストを大きく削減できる。

用語の使用例

「サーバーを仮想化したら、それだけスペースも確保できるね。」

関連用語

物理〇〇と論理〇〇……P90　仮想マシン……P225　仮想メモリ……P226

▶えすしーえむ　　　　　　　　　　　　　　　　　Keyword 027

SCM

複数の企業間で物流を統合管理

モノの流れやお金の管理を個別の企業で最適化するのではなく、複数の企業での全体最適を考え、統合管理するための手法。製造業にとって、商品を製造して販売するまでの原材料の確保、生産、販売に必要な物流など、いずれかが止まるだけで大きな影響があるため、これを管理すること。

用語に関連する話

RFIDによる管理が増える
ID情報を埋め込んだタグを商品などに付け、近距離から読み取る方法にRFIDがある。バーコードのようにコードを読み取る必要はなく効率的に管理できる。

情報を一元管理するERP
企業の経営に必要な資源（ヒト、モノ、カネ、情報など）を有効活用する考え方にERPがあり、最近では基幹系情報システムを指すことが多い。

リードタイムを減らす
商品の発注から納品までにかかる期間をリードタイムと言い、この期間を短縮するために大規模な物流センターなどが作られている。

用語の使用例
「SCMなら在庫が適正に管理できて、コスト削減に繋がるね。」

関連用語
ロングテール……P26　POS……P29

▶しすてむいんてぐれーたー　　　　　　　　　　　　　Keyword 028

システムインテグレーター

構築から運用まで一括で請け負う

企業が使うITシステム全般について、企画から設計、開発、運用などを行う会社を指し、SIer（エスアイヤー）と略して呼ばれる。大手からその下請けまで大小さまざまな企業がある。会社ができた背景（親会社の情報システム部門が分割してできたなど）によりメーカー系やユーザー系、独立系など企業によって得意分野があることが多い。

第1章　ニュースがよくわかるIT用語

用語に関連する話

問題視される下請け構造
大手のSIerが要件定義や設計をし、下請けとなる中小のSIerが実装、さらにその下請け（孫請け）である零細SIerがテストを担当するなどの業界構造がある。

上流工程での要件定義
システムやソフトウェアを開発する前に、実装する機能や求める性能などを明確にする作業で、利用者と開発者の間で認識に違いがないことを確認する。

プロジェクト管理が重要
一連の開発作業を完了させるために、品質やコスト、納期などを管理することをプロジェクトマネジメントと言う。人員の配置やスケジュールを最適化するために行う。

用語の使用例

「社内では開発できないからシステムインテグレーターに依頼しよう。」

関連用語

オフショア……P47　プロジェクトマネジメント……P103　SES……P106　RFP……P135

41

Keyword 029

▶ないぶとうせい

内部統制

組織の業務が適正かチェック

組織が行っている業務が適正であるか確認し、構築していく制度を指し、その目的として「業務の有効性及び効率性」「財務報告の信頼性」「事業活動に関わる法令の遵守」「資産の保全」が挙げられている。また、その要素として「ITへの対応」が含まれているため、システムの保守や管理を行う担当者にとっても必須の業務である。

用語に関連する話

日本版SOX法との関連
財務報告書についての内部統制の評価と報告を義務付ける内容の法律(日本版SOX法)がある。企業の粉飾決算を防ぐ意図を持つ。

用意する3点セット
内部統制におけるITへの対応では「フローチャート」と「業務記述書」、「リスクコントロールマトリックス」という3つの資料を使って把握する。

内部監査との違い
企業などの組織の内部で独立した管理体制で業務内容のチェックを行うことを内部監査と言い、経営管理を目的として、業務や会計についての監査を行う。

用語の使用例

「内部統制の目的を理解して正しく運用・報告しないとね。」

関連用語↴

認証と認可 ……P199　システム監査とセキュリティ監査 ……P214

▶ゆにばーさるでざいん　　　　　　　　　　　　　　　　　Keyword 030

ユニバーサルデザイン

誰でも使えるデザイン

使い勝手を考えるときに、文化や言語、年齢や性別、障害の有無などに関係なくすべての人が使いやすいことを目指したデザインのこと。自動ドアや多機能トイレのように形があるものだけでなく、ピクトグラムなど情報を伝える表記のように形のないものまでさまざまなデザインが含まれる。

第1章　ニュースがよくわかるIT用語

用語に関連する話

バリアフリーとの違い
障害者や高齢者などが行動するときに不便なことを生活の中から減らすために、物理的に取り除いたり、精神的な面で支援したりすることをバリアフリーと言う。

アクセシビリティとの違い
アクセシビリティがより多くの人が利用しやすいように配慮するのに対し、ユニバーサルデザインは万人が使いやすいように設計されていることを指す。

7原則を知る
ユニバーサルデザインには「誰にでも公平に使用できる」「使う上での自由度が高い」「使い方が簡単で直感的にわかる」などの7原則が提唱されている。

用語の使用例
「身の回りにユニバーサルデザインの商品が増えてきたね。」

関連用語
アクセシビリティ……P111　ユーザビリティ……P112

43

Keyword 031
▶おーぷんでーた

オープンデータ

誰でも自由に使えるデータ

政府や自治体などを中心に、保持するデータを自由に使えるような形式で公開しているデータ。データに著作権や特許などの制限や課金をせずに公開することで、公共の利益を確保するという考え方。バイナリ形式のデータでは使いづらいが、CSVやXMLなどの形式で公開することで、そのデータを活用したアプリケーションを作りやすくなる。

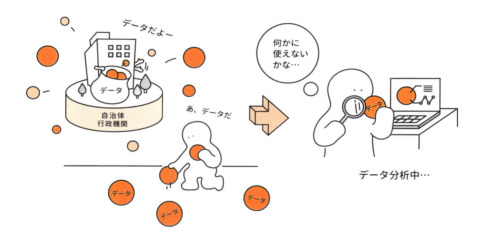

用語に関連する話

公開するデータの形式
コンピュータがデータの意味を理解できるようにHTMLなどのタグを付けてリンクさせた形式をLODと言う。相互にリンクしあうことで情報を共有できる。

よく使われるCSV形式
表形式のデータを表現するためにはコンマで区切られたテキストデータのCSV形式が使われ、Excelなどの専用ソフトが不要だが文字の装飾などはできない。

タグで意味付けする形式
タグと呼ばれる記述を使ってデータを囲って意味を付加するファイル形式にXMLがあり、Webページの記述に使われるHTMLもXMLの一部だと言える。

用語の使用例
「自治体のオープンデータを使って分析してみるのはどうかな?」

関連用語
ビッグデータ……P17　データマイニングとデータサイエンス……P50　マッシュアップ……P168

44

▶めいんふれーむ Keyword 032

メインフレーム

基幹システムに使われる大型コンピュータ

大企業などの基幹業務に使われる大型コンピュータで、「汎用機」や「ホストコンピュータ」などと呼ばれる。高性能なハードウェアで構成されており、信頼性が高く、安全性が確保されているため、現在も金融機関などを中心に使われている。専用のOSを搭載していることが多く、他社のハードウェアへの移行などが困難だというデメリットもある。

用語に関連する話

レガシーマイグレーション
メインフレームで開発されたソフトウェアをLinuxなどのオープン系のシステムに載せ替えることやその変換作業をレガシーマイグレーションと言う。

現在も使われるCOBOL
メインフレームでのシステム開発ではCOBOLというプログラミング言語が多く使われる。英語に近い記述で、帳票や画面編集などの事務処理機能が得意。

ダウンサイジングが進む
設置スペースやコストを削減することをダウンサイジングと言い、メインフレームの運用や維持コストを、より安価な機器に置き換える作業が進められている。

用語の使用例

「銀行だとまだまだメインフレームが残ってるんだよね。」

関連用語

データセンター……P38　レガシーマイグレーション……P134

▶じーぴーえす　　　　　　　　　　　　　　　　　　　　　　Keyword 033

GPS

位置情報を取得できる

カーナビやスマホなどが位置情報を取得するために、衛星からの電波信号を使用するしくみ。複数の衛星との通信により受信機の位置を特定するため、海外の衛星だけでなく、国内の衛星も組み合わせて運用されている。信号の時間差を使うため、正確な時刻で計算することが重要となる。

用語に関連する話

日本版GPSのみちびき
2017年に2号機から4号機が打ち上げられたGPS衛星に「みちびき」があり、2018年11月から4機体制で運用されている。日本国内での精度の向上が期待されている。

Wi-Fiでの位置情報取得
無線LANのアクセスポイントを使用することで、その電波の強さなどから位置情報を割り出すことができ、GPSの電波が届かない場所でも使用できる。

超音波での測位も使われる
人の耳では聞き取れない超音波を店舗などに設置した機器で発信し、スマホなどのマイクで受信することで位置を割り出す方法もあり、店内などで使われる。

用語の使用例
「GPSの精度が上がって、スマホがあれば道に迷わなくなったね。」

関連用語
ドローン……P21　シンギュラリティ……P24　機械学習……P27

Keyword 034
▶おふしょあ

オフショア

拠点を海外に移す

人件費が高い日本国内で開発するのではなく、人件費が安い海外の国で開発すること。システム開発などの場合、東南アジアやインドなどの国で開発することで、コストの削減を実現していることが多い。人口が減っている国内よりも人材を確保しやすい、時差を活かして開発できる、などのメリットもあるが、言葉の壁などのデメリットもある。

第1章 ニュースがよくわかるIT用語

用語に関連する話

クラウドソーシング
群衆（crowd）と業務委託（sourcing）を組み合わせた造語で、特定の企業に委託するのではなく不特定多数の個人に業務を委託すること。

タックスヘイブン
租税回避地を意味し、税金が少ない国を利用して、納税額を減らすこと。富裕層の脱税に使われることもあり、表向きはオフショアでも問題になる場合がある。

BPO、アウトソーシング
Business Process Outsourcingの略で、外部委託とも言われ、社内で行っていた業務を社外の特定の企業に委託して効率化すること。

用語の使用例
「東南アジアにオフショア開発を依頼してコストダウンできないかな？」

関連用語
システムインテグレーター……P41　プロジェクトマネジメント……P103

47

Column

歴史と合わせて用語を覚える

　IT業界は変化が速く、次から次へと新しい言葉が登場します。しかし、初めて耳にするような言葉が現れても、これまでになかった技術が突然現れることはほとんどありません。そこで、**新しいキーワードを耳にしたときは、過去に存在した技術と比べてみるようにしましょう。**

　例えば、「RPA」という言葉を最近はよく耳にします。このような言葉を聞いたとき、「Excelのマクロとどう違うんだろう？」「これまでの自動化プログラムとどう違うんだろう？」ということを考えるのです。すると、これまでの言葉との違いが明確になり、新しい言葉であっても内容をスムーズに理解できます。

技術に着目して新しい用語を知ろう

　実際、比べてみると技術的に大きく変わっていないことは多くあります。最近話題の「ディープラーニング」は、「ニューラルネットワーク」として昔に研究されていたものが発展したものですし、「SNS」で使われている技術も「掲示板」と似たようなものです。

　ただし、同じ言葉が使われていても、裏側で使われている技術がどんどん変化している場合もあります。インターネットの接続などに使われる無線の技術は、使い勝手はほとんど変わりませんが、その速度はどんどん速くなっています。CPUも名前は変わっていませんが、高速化だけでなく複数のコアで並列実行するなど、その手法が変わってきています。ハードディスクは大容量化が進んでいるだけでなく、SSDへの置き換えも進んでいます。

　利用者の目の見えないところで技術が変わっているため、同じ用語を使っていても会話が噛み合わない可能性があります。常に最新のキーワードに触れるだけでなく、その用語が指している内容についても振り返って見直すようにしましょう。

第 2 章

セットで覚える IT用語

Keyword 035〜079

Keyword 035

▶でーたまいにんぐ ▶でーたさいえんす

データマイニングとデータサイエンス

大量のデータから新たな知識を発見

マイニングは採掘と訳され、大量のデータを分析し、これまでに気づかなかったような法則や関連性などを発見することをデータマイニングと言う。数学や統計学、プログラミングなどを活用して、ビジネスに役立つ知見を得ることをデータサイエンスと言う。

用語に関連する話

テキストマイニング
大量の文章を対象としたデータマイニングをテキストマイニングと言い、単語の出現頻度や相関関係などを分析することで、有用な情報を抜き出す。

データを整理する必要性
データマイニングには、整理された大量のデータが必要で、複数のシステムから収集し、時系列に蓄積したデータを保存するシステムをデータウェアハウスと呼ぶ。

顧客データの管理・分析
膨大な顧客情報を蓄積し、分析することで顧客を囲い込むことを狙ったツールにCRMなどがある。また、経営に役立つ売上などを分析できるBIツールも使われている。

用語の使用例

「データマイニングの勉強にはデータサイエンスの知識も必要かな？」

関連用語

ビッグデータ……P17　オープンデータ……P44

▶いんたーねっと ▶いんとらねっと　　　　　　　　　　　　　　　　　Keyword 036

インターネットと イントラネット

複数のコンピュータや組織を繋ぐ

複数のコンピュータを繋いで作るネットワークに対し、複数のネットワークを世界中で繋いだものをインターネットと言う。また、インターネットで使われている技術を使い、企業や学校など組織の内部だけで使われるネットワークをイントラネットと言う。

第2章 セットで覚えるIT用語

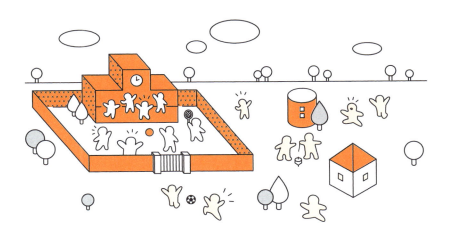

用語に関連する話

インターネットの起源
1960年代からアメリカの国防総省で軍事用に研究・利用されていたネットワークがARPANETで、インターネットの起源と言われている。

イントラネットの発展型
複数のイントラネットを相互接続したネットワークをエクストラネットと呼ぶ。異なる企業間での通信（会議や受発注など）に使われるしくみを指すことが多い。

URL中の「www」の意味
インターネット上でWebブラウザなどを使用して閲覧するしくみをWorld Wide Webと言う。HTMLなどの言語で書かれた文書から文書へ移動しながら参照する。

用語の使用例

「インターネットだと思って使ってたけど、実は会社のイントラネットだったのか。」

関連用語

WANとLAN ……P54　ドメインとセグメント ……P65　ISP ……P198

51

Keyword 037

▶ぱけっとつうしん ▶かいせんこうかん

パケット通信と回線交換

安定した通信を実現する

電話回線のように通信が始まってから終わるまで1本の回線を占有して通信する方式を回線交換と言う。誰かが使用しているときは、その回線を他の人が使うことはできない。一方で、送受信するデータをパケットという単位に細かく区切り、1つずつ送る方法をパケット通信と言う。細かく区切ることで、ほぼ同時に複数の人が通信できる。

用語に関連する話

回線の速度を表す単位
ネットワーク上における1秒あたりのデータ転送量を示す単位にbpsがあり、値が大きいほど高速に通信できることを意味する。実際には速度よりも効率を表す。

PPPoE
電話回線経由でインターネットに接続するしくみを、オフィスや自宅内で使われるLANでも使えるようにしたプロトコルをPPPoEと言い、接続に電話回線が不要。

次世代の接続方式
LANと同じ方法でインターネットに接続する規格にIPoEがあり、PPPoEの場合に必要なルーターなどの通信機器を用意することなく高速に接続できる。

用語の使用例
「災害時に電話が通じなくてもメールが届くのはパケット通信だからか。」

関連用語

パケットとフレーム ……P63

▶えーでぃーえすえる ▶ひかりふぁいばー　　　　　　　　　　　　　　　　Keyword 038

ADSLと光ファイバー

高速なネットワーク

電話回線を使用した、上りと下りの通信速度が異なるデジタル通信サービスをADSLと言う。電話回線は田舎などにも敷設されているため、安価に広範囲で導入できるが、電話局との距離が離れるにつれて速度が低下する。最近ではADSLよりも高価だが高速な通信が可能で、距離が離れても速度が低下しない光ファイバーが増えている。

第2章　セットで覚えるIT用語

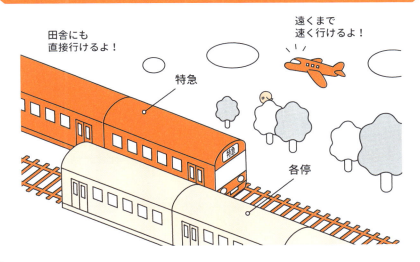

用語に関連する話

電気信号を変換するモデム
電話回線を使ってネットワークに接続するときに、コンピュータの信号と電話回線の信号を相互に変換する装置がモデムで、ADSLなどの場合に必要とされる。

光ファイバーに必要なONU
光ファイバーではコンピュータと光回線の信号を変換する装置が必要で、電話回線におけるモデムに相当するONU（光回線終端装置）を設置する。

家庭で使われるFTTH
一般家庭に光ファイバーを引き込むことをFTTHと言い、ADSLと比べて安定して高速に通信できるため、最近は導入する家庭が増えている。

用語の使用例

「ADSLで速度に不満があるなら光ファイバーに変えてみたら？」

関連用語

ベストエフォート……P35　ストリーミング……P36

53

Keyword 039
▶わん ▶らん

WANとLAN

ネットワークの範囲を表す

自宅やオフィスなど、同じ建物の中などで使われる内部用のネットワークを LAN と言う。一方、同じ会社でも東京と大阪など離れた場所を繋ぐネットワークのような、より広いエリアで使われるネットワークを WAN と言い、電気通信事業者が提供するネットワークを使用する。インターネットも WAN の一種である。

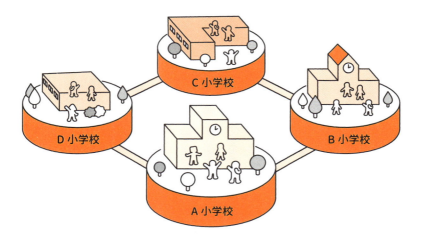

用語に関連する話

有線と無線のネットワーク
自宅内でLANを使うとき、ケーブルを使った有線だけでなく、電波を使った無線によるネットワークを構成している家庭が増えている。

ノイズを減らすケーブル
自宅内で有線のネットワークを作る場合、ツイストペアケーブルと呼ばれる、電線を2本ずつより合わせてノイズを受けにくくしたケーブルが使われる。

拠点間を繋ぐ専用線
企業などで複数の拠点を接続する場合、特定の顧客専用に設置された回線を使い、通信内容のセキュリティや通信速度を確保している。

用語の使用例

「私の家にはPCがたくさんあるけど、全部LANで繋がってるよ。」

関連用語

インターネットとイントラネット ……P51　NATとNAPT ……P62

▶ぷろとこる ▶おーえすあいさんしょうもでる　　　　　　　　　　　　　　　Keyword　040

プロトコルとOSI参照モデル

通信の合い言葉

ネットワークに接続した端末同士がやり取りするには、通信の規約（ルール）が必要でプロトコルと言う。プロトコルの基本的な考えに7つの階層に分けたOSI参照モデルがある。インターネットではTCP/IPという4つの階層に分けたプロトコルが使われている。

第2章　セットで覚えるIT用語

用語に関連する話

階層化するメリット
各階層で処理を役割分担することで、それぞれの処理内容を単純化できるだけでなく、通信の内容に合わせてアプリがプロトコルの組み合わせを選択できる。

TCP/IPの特徴
TCPやIPといったプロトコルを使う構成の総称をTCP/IPと言い、4つの階層で役割を分担することで、効率的に実装でき、現実的な仕様だと言える。

パケットを中継するIP
複数のネットワークを接続するとき、経路選択やパケットの分割・再構築を行うなど、ネットワーク間での通信方法を規定しているプロトコルにIPがある。

用語の使用例

「OSI参照モデルは理想的だけど、現実的なプロトコルはTCP/IPかな。」

関連用語

（IPアドレスとポート番号）……P56　（TCPとUDP）……P60　（SMTPとPOP、IMAP）……P87

55

▶あいぴーあどれす ▶ぽーとばんごう　　　　　　　　　　　　　　　　　　　Keyword 041

IPアドレスとポート番号

ネットワークにおける場所を表す番号

ネットワークに接続しているコンピュータの場所を識別するために、個々のコンピュータに付与されるのがIPアドレス（場所）である。また、1つのコンピュータでWebサーバーやメールサーバーなど複数のサービスが動作している場合、その中から利用するサービスを識別して接続するために、各サービスにはポート番号が割り当てられている。

 用語に関連する話

IPv4アドレス
コンピュータを区別するために付けられた32ビットの値で、8ビットずつ区切って「192.168.1.2」のように10進法で表現されることが多い。

IPv6アドレス
IPv4で割り当てられるアドレスが不足する問題を解消するために作られた128ビットの値で、「2001:0:9d38:6ab8:3457:7bbb:8897:a7」のように表現される。

ウェルノウンポート
著名なサービスが使うために予約されている0〜1023番のポート番号で、Webサーバーは80番、メールサーバーは25番のように決められている。

用語の使用例
❓「インターネットに繋がらないなら、IPアドレスが正しいか確認してみてね。」

関連用語

ドメイン名とDNS ……P57　　TCPとUDP ……P60　　NATとNAPT ……P62

▶どめいんめい ▶でぃーえぬえす　　　　　　　　　　　　　　　　　　　　　Keyword 042

ドメイン名とDNS

コンピュータに名前を付ける

電子メールの送受信やWebサイトの閲覧を行う際、インターネット上のどこにあるかを覚えてもらいやすくするため、サーバーが存在するネットワーク（領域）にドメイン名という名前を付けている（例:shoeisha.co.jp）。ドメイン名（住所）とIPアドレス（場所）を対応付けるしくみにDNSがあり、ドメイン名からIPアドレスを調べることを名前解決と言う。

用語に関連する話

「.」で区切った階層構造
ドメイン名は「shoeisha.co.jp」のように「.」で区切った階層構造で、「jp」は日本を、「co」は会社などを表し、右側から順に下の階層へと広がっていく。

名前解決を行うサーバー
DNSによる名前解決を行うサーバーをネームサーバーと言い、ドメイン名とIPアドレスの対応表を管理し、聞かれたドメイン名に対応するIPアドレスを返す。

コンピュータの名前
ネットワークに接続するPCやサーバー、ネットワーク機器などに、人間が覚えやすいようなホスト名と言われる名前を重複しないように設定する。

用語の使用例
「新しいサービスを提供するなら、わかりやすいドメイン名を考えないとね。」

関連用語
(IPアドレスとポート番号)……P56　(ドメインとセグメント)……P65　(URLとURI)……P123　(キャッシュ)……P129

57

Keyword 043

ルーターとスイッチ

ネットワークの経路を決める

ネットワークを構築するときに使用する中継機器は、その機能によってルーターやスイッチ、ハブなどと呼ばれる。ルーターはOSI参照モデルのネットワーク層で処理を行い、異なるネットワークを繋ぐ経路を管理する。スイッチはスイッチングハブとも呼ばれ、データリンク層で処理を行い、同じネットワークにある端末を接続する。

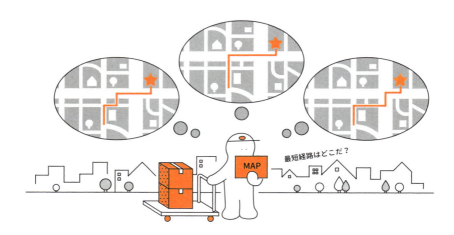

用語に関連する話

ルートを決めるプロトコル
ネットワークの経路を決めるとき、できるだけ速く通信できる経路を調べるために、RIPやOSPF、BGPといったプロトコルが使われる。

物理層の中継機器
OSI参照モデルの物理層で動作する機器にハブやリピータがあり、伝送距離が長くなる場合にネットワークの中継機として信号を増幅して送信する役割を持つ。

ネットワーク層の中継機器
OSI参照モデルのネットワーク層で動作するスイッチもあり、L3スイッチと言う。多くのL3スイッチはハードウェアで、ルーターはソフトウェアで処理する。

用語の使用例

「インターネットに接続するにはルーターを買わないといけないのかな？」

関連用語

IPアドレスとポート番号……P56　DHCPとデフォルトゲートウェイ……P61

Keyword 044

クライアント・サーバーとP2P

コンピュータの役割分担

情報収集で利用するコンピュータをクライアントと言い、情報を提供するコンピュータをサーバーと言う。1つのサーバーに対して複数のクライアントが接続する方式のシステムを、クラサバと略すこともある。一方、各コンピュータが直接接続することをP2Pと言う。

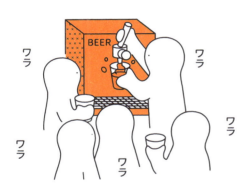 

用語に関連する話

役割分担するメリット
複数のクライアントがサーバーにあるデータを共有できるだけでなく、処理を分担することで、負荷の集中を軽減できるというメリットがある。

リッチクライアントの登場
HTMLをWebブラウザで表示するだけではできないような高度な表現が可能な専用のアプリケーションや拡張機能をリッチクライアントと言う。

ファイル共有ソフトもP2P
P2P技術を使ったソフトウェアとしては、Winnyが有名。インターネット上で不特定多数の人とファイルをやり取りするファイル共有などに使われる。

用語の使用例
「うちの会社は古いクライアント・サーバーのシステムをまだ使ってるよ。」

関連用語
プロキシサーバー……P127　レンタルサーバー……P155　CDN……P176

▶てぃーしーぴー ▶ゆーでぃーぴー

Keyword 045

TCPとUDP

通信に求められる信頼性と速度を実現する

ネットワーク上の通信が混雑するなどの理由でデータが相手に正しく届かないことを防ぐために、重複や順序エラー、不達などをチェックし、問題があれば再送を行うなどの制御を行うプロトコルに TCP がある。TCP の使用により、アプリケーションでこのような制御が不要になる。このような制御が不要で、スピードが要求される場面では UDP を使う。

 用語に関連する話

パケット通信に必須の制御
道路での渋滞のように、データが集中して混雑している状態を「輻輳（ふくそう）」と言い、この輻輳を回避したり回復させたりすることを輻輳制御と言う。

3ウェイ・ハンドシェイク
相手が通信できる状態か確認するため、「SYN（聞こえますか?）」「ACK（聞こえます）」というパケットを3段階でやり取りする手順を3ウェイ・ハンドシェイクと言う。

UDPを使うVoIP
ネットワーク経由で音声をリアルタイムで送る技術にVoIPがあり、IP電話などに使われている。会話しやすいよう遅延の少ないUDPを使う。

用語の使用例

💬「インターネットで動画を見るときはUDPが使われているみたいだよ。」

関連用語

(プロトコルとOSI参照モデル) ……P55　(IPアドレスとポート番号) ……P56

60

Keyword 046

DHCPと デフォルトゲートウェイ

コンピュータをネットワークに接続する

ネットワークに繋ぐコンピュータにIPアドレスを自動的に与えるプロトコルにDHCPがあり、接続したネットワークと外部のネットワークとの出入口にあたる機器にデフォルトゲートウェイがある。コンピュータと、デフォルトゲートウェイのIPアドレスは簡単に確認できる。

第2章 セットで覚えるIT用語

用語に関連する話

自動的に付与するメリット
コンピュータにIPアドレスを固定していると、別のネットワークに接続する際に設定の変更が必要になるが、自動的に付与すると設定を変更する必要がない。

変えない固定IPアドレス
サーバーなど多くの人が接続する機器の場合、IPアドレスが変わると接続先がわからなくなって困るためDHCPを使わず固定のIPアドレスが使われる。

DHCPのデメリット
DHCPでIPアドレスを付与すると他のネットワークに接続する場合も設定変更が不要だがDHCPサーバーに障害が発生するとTCP/IPの通信ができなくなる。

用語の使用例

「インターネットに繋がらなかったら、DHCPの設定を確認してみてね。」

関連用語

(IPアドレスとポート番号)……P56　(ルーターとスイッチ)……P58

Keyword 047

NATとNAPT

複数のコンピュータを同じ住所で管理する

IPv4でのIPアドレスの不足を解消するために、1つのグローバルIPアドレスを使い回すことが考えられており、その手法にNATやNAPTがある。NATは1つのグローバルIPアドレスに1つのプライベートIPアドレスを割り当てる。NAPTはIPアドレスとポート番号を使って、複数のコンピュータが同時にインターネットに接続できるようにしている。

用語に関連する話

NATでの注意点
外部から内線電話にかけられないように、NATを使うとゲームやIP電話などでP2P通信ができない場合がある。この場合は「NAT越え」が必要になる。

グローバルIPアドレスとは
インターネットに接続されているコンピュータや通信機器を一意に識別するために、世界中で重複しないグローバルIPアドレスを使う必要がある。

プライベートIPアドレスとは
LANなど、組織の内部で使われるネットワークに接続する端末にはプライベートIPアドレスを使う。同じネットワーク内で一意であれば自由に付与できる。

用語の使用例

「最近のルーターはNAT機能を搭載しているのが当たり前になったよ。」

関連用語

(WANとLAN)……P54 (IPアドレスとポート番号)……P56

▶ぱけっと ▶ふれーむ

Keyword 048

パケットとフレーム

通信の基本単位

パケット通信方式のネットワークで送受信するために、通信内容を一定の大きさに分割して送信する際に使われる送信単位。一般にパケットはOSI参照モデルのネットワーク層（第3層）で主にIPアドレスでやり取りするデータに使われるのに対し、フレームはデータリンク層（第2層）で主にMACアドレスでやり取りするデータに使われる。

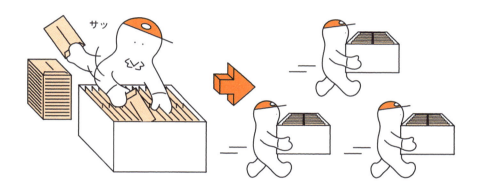

用語に関連する話

IPフラグメンテーション
一度に送信できないような大きなパケットを、分割して送信するために断片化することをIPフラグメンテーションと言い、受信者側では結合して元に戻す。

パケットの長さの最大値
転送できるパケットの長さの最大値をMTUと言う。これを超えるデータはルーターによって分割されることがあるため、サイズによって通信速度に影響がある。

混雑で発生するパケ詰まり
インターネットに接続できているが、回線が混雑していてパケットが流れない状態をパケ詰まりと言う。利用者の増加や大容量のデータ、電波の干渉などが原因。

用語の使用例
「今月は動画を見過ぎたからパケット代がすごい金額になっちゃったよ。」

関連用語

（パケット通信と回線交換）……P52 （プロトコルとOSI参照モデル）……P55

Keyword 049

セッションとコネクション

接続状況を管理する

Webページを閲覧している同じ利用者のアクセスを識別するためのしくみ。Webサイトへのアクセスは通信ごとに別々の利用者だと認識されるが、ログインが必要なショッピングカートなどの場合、同じ利用者を識別する必要がある。セッションはOSI参照モデルのセッション層（第5層）で、コネクションはトランスポート層（第4層）で使われることが多い。

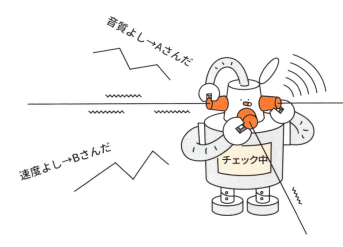

用語に関連する話

セッションの管理方法
Webアプリケーションでセッションを管理する場合、Cookieを使う方法や、フォームの隠しフィールドを使う方法、証明書を使う方法などがある。

ステートフル
現在の利用者の状態をシステムが保持しており、その内容に応じて処理結果を変えること。同じ入力でも過去の状態により結果が変わる場合がある。

ステートレス
利用者の状態をシステムの内部に保持せず、入力された値だけを使用して処理すること。同じ入力に対しては常に同じ結果が得られる。

用語の使用例

「勝手にログアウトしたってことはセッションがタイムアウトしたんだね。」

関連用語

パケット通信と回線交換 ……P52　プロトコルとOSI参照モデル ……55

▶どめいん ▶せぐめんと　　　　　　　　　　　　　　　　　　　　　　　Keyword 050

ドメインとセグメント

ネットワークの領域を識別する

ネットワークを区分したときの領域を指す言葉。一般にドメインやセグメントと呼ばれるが、その範囲に明確な基準があるわけではない。何らかの基準に基づいて区分した範囲をセグメントと呼ぶことが多く、個々の領域を指す言葉としてコリジョンドメイン（パケットが衝突する範囲）やブロードキャストドメイン（パケットが届く範囲）のように使われる。

第2章 セットで覚えるIT用語

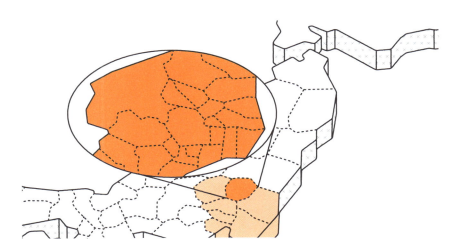

用語に関連する話

領域を分けるメリット
1つの領域に接続しているコンピュータが出す信号は他にも届くため、通信が衝突する可能性がある。領域の分割によって通信速度の低下を防げる。

MACアドレス
出荷時点でネットワーク機器に割り当てられている番号にMACアドレスがあり、物理アドレスとも言われる。OSI参照モデルの第2層で使われる。

範囲を指定する数値
ネットワークの範囲（サブネット）の指定に使われる数値がサブネットマスクで、特定のIPアドレスが、どのサブネットに所属しているのかを示す。

用語の使用例
「セグメントを分けておかないと、割り当てられるIPアドレスが不足しちゃうよ。」

関連用語…
（インターネットとイントラネット）……P51　（WANとLAN）……P54

65

Keyword 051

▶しーぴーゆー ▶じーぴーゆー

CPUとGPU

コンピュータの頭脳

コンピュータの頭脳にあたる装置がCPUで、演算や制御を行う。同じようにGPUも演算を行うが、単純な計算の並行処理を得意としている。GPUは単純な構造であるため、複雑な処理には向いていないが、ゲームやAIなどの似たような処理を大量に必要とする場合に使われている。一般的なプログラムの実行にはCPUが使われる。

線路1本でも高速だ！

道路はたくさんあるから同時に進める！

用語に関連する話

性能を示すクロック周波数
CPUなどの演算装置で1秒間にどれだけの処理ができるかを表した値にクロック周波数があり、数字が大きいほど処理が速いことを意味する。

並列で処理するパイプライン
CPUなどの演算装置での処理を高速化するために、1つの命令を複数に分割することで、同時に並列実行する技術にパイプライン処理がある。

性能を上げる設定
クロック周波数として製造元が定めた値を上回る周波数で動かすように自己責任で設定することをオーバークロックと言い、クロックアップとも言う。

用語の使用例

「PCを買うときはCPUばかり注目しちゃうけど、GPUの種類も考えたほうがいいよ。」

関連用語

五大装置……P218　IC……P219

▶おんぷれみす ▶くらうど　　　　　　　　　　　　　　　　　　　Keyword 052

オンプレミスとクラウド

システムの管理者を変えた

サーバーやネットワーク機器、アプリケーションなどを自社で購入し、運用するスタイルをオンプレミスと言う。一方で、外部の事業者が提供するサーバーやネットワーク機器、アプリケーションなどをサービスとしてインターネット越しにオンデマンドで利用するスタイルを、実体がよくわからない「雲」のような存在にたとえてクラウドと言う。

第2章　セットで覚えるIT用語

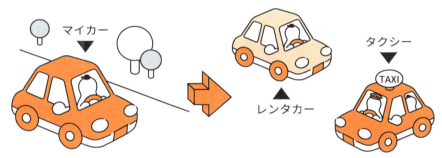

所有から利用へ

 用語に関連する話

サービスを使うSaaS
インターネット経由で「ソフトウェア」をサービスとして提供し、利用者が使いたい量や期間に応じて柔軟に利用できる形態をSaaSと言う。

プラットフォームのPaaS
インターネット経由で「ハードウェアやOSなど」をサービスとして提供し、利用者が使いたい量や期間に応じて柔軟に利用できる形態をPaaSと言う。

インフラとしてのIaaS
インターネット経由で「サーバーやネットワークなど」をサービスとして提供し、利用者が使いたい量や期間に応じて柔軟に利用できる形態をIaaSと言う。

用語の使用例
「次のシステムはオンプレミスで作るかクラウドを使うか悩むね。」

関連用語
データセンター ……P38　SLA ……P105　レンタルサーバー ……P155

67

▶ふぁいる ▶かくちょうし　　　　　　　　　　　　　　　　Keyword 053

ファイルと拡張子

アプリケーションとひも付ける

コンピュータの中にデータを保存するときにはファイルを使い、個々のファイルを識別するためにファイル名を付ける。このとき、名前に加えて「拡張子」を付加することで、作成されたファイルと、そのファイルを使うアプリケーションをひも付けられる。例えば、Excelのファイルには「.xls」「.xlsx」などの拡張子を付ける。

用語に関連する話

ファイルの関連付け
特定のファイル形式のファイルを選択したとき、そのファイルを開くアプリケーションを関連付けておくと、開くアプリケーションを選ぶ手間を省ける。

隠しファイル
コンピュータ内に存在する重要なファイルで、不用意な内容変更や削除を防ぐため、利用者に見えないように設定してあるファイルを隠しファイルと言う。

拡張子が非表示の場合
Windowsでファイルの拡張子が表示されない場合は、「フォルダオプション」で「登録されているファイルの拡張子は表示しない」のチェックを外す。

用語の使用例
「ファイルを保存するときは、ファイル名だけじゃなくて拡張子にも注意してね。」

関連用語
フォルダとディレクトリ……P69

Keyword 054

フォルダとディレクトリ

ファイルを管理する

複数のファイルを管理する場合、フォルダを使って分類することが多い。フォルダの中に、さらに別のフォルダを入れることもでき、階層構造で保存する。フォルダは環境によって「ディレクトリ」と呼ばれることもあり、コマンドラインで操作する場合はディレクトリ、GUIで操作する場合はフォルダと呼ぶことが多い。

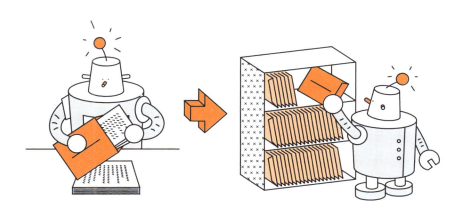

用語に関連する話

ホームディレクトリ
コンピュータの利用者ごとに用意されたディレクトリで、通常はログインしたときに基点になる場所をホームディレクトリと言う。他の利用者はアクセスできない。

カレントディレクトリ
利用者が現在処理しているディレクトリをカレントディレクトリと言い、作業フォルダやワーキングディレクトリと言うこともある。

フォルダの並べ替えルール
フォルダは名前や作成日時、更新日時などで並べ替えて使うことが多く、特に名前で並べ替えたときにわかりやすいように名前付けのルールがあると便利。

用語の使用例

「私はファイルを探しやすくするために、フォルダを使って上手く分類してるよ。」

関連用語

(ファイルと拡張子)……P68 (ホームディレクトリとカレントディレクトリ)……P128

▶ぜったいぱす ▶そうたいぱす　　　　　　　　　　　　　　　　Keyword 055

絶対パスと相対パス

ファイルの場所を示す

目的のファイルがどのフォルダに保存されているのか、その場所までの経路を「パス」と言う。フォルダは階層構造になっているため、ルートディレクトリからのパスをすべて指定したものを絶対パスと言う。一方、現在のフォルダから目的のフォルダまでの経路を示したものが相対パスで、上位のフォルダを「..」で表す。

用語に関連する話

OSによる区切り文字の違い
フォルダの階層構造を表現するとき、Windowsでは「¥」で、LinuxやmacOSなどUNIX系OSでは「/」で区切って表現する。(例：C:¥book¥chapter1.txt)

親ディレクトリの指定
上位のディレクトリを親ディレクトリと言い、CUIで相対パスを指定するときは「..」という記号を使って「..¥」や「../」のように記述する。

ルートディレクトリ
階層型ファイル構造における最上位のディレクトリを、枝分かれしていく木の幹に例えて根の意味でルートディレクトリと言う。管理者を意味するrootとは異なる。

用語の使用例

「絶対パスを使えばどのディレクトリからでも同じように指定できるよ。」

関連用語↴

（フォルダとディレクトリ）……P69　（ホームディレクトリとカレントディレクトリ）……P128

▶かぎゃくあっしゅく ▶ひかぎゃくあっしゅく

Keyword 056

可逆圧縮と非可逆圧縮

ファイルの容量を減らす

データの中身を変えずにサイズを小さくすることを「圧縮」と言い、元のサイズに戻すことを「展開」や「解凍」と言う。このとき、元のデータとまったく同じに復元できる圧縮方法を可逆圧縮、完全には一致しない圧縮方法を非可逆圧縮や不可逆圧縮と言う。静止画や動画などの圧縮には劣化が目立たない程度の非可逆圧縮が使われている。

用語に関連する話

連続したデータをまとめる
単純な圧縮手法として、連長圧縮があり「AAAAABBBCCCC」というデータを「A5B3C4」のように、登場するデータとその長さで表す。FAXなどで使われた。

複数のファイルをまとめる
複数のファイルを1つにまとめて取り扱う「アーカイブ」をする形式にZIPファイルがあり、サイズを圧縮して格納することもできる。

データ圧縮率の表現
圧縮したデータが元のデータと比べてどのくらいのサイズに減ったかを表す割合が圧縮率で、より小さく圧縮できた状態を「圧縮率が高い」と言う。

用語の使用例

「文書は可逆圧縮でないと困るけど画像なら非可逆圧縮で十分だね。」

関連用語

JPEG と PNG ……P172

▶ぶいじーえー ▶えいちでぃーえむあい   Keyword 057

VGAとHDMI

映像を出力する

コンピュータをディスプレイに接続する場合、VGA、HDMI、DVI、DisplayPortなどの規格が使われる。VGAやDVIは古くからある規格で、映像のみしか転送できないが、多くのディスプレイやプロジェクタなどが対応しており、現在も幅広く使われている。HDMIは高画質で音声も転送できるため、最近では増えている。

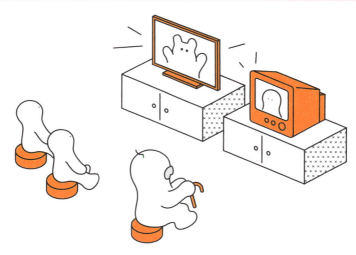

用語に関連する話

増える変換ケーブル
最近のコンピュータはVGAやHDMIなどの端子を搭載しないものが増えており、USBポートを使って変換するケーブルが多く売られている。

スクリーン比率の違い
プレゼンを行う場合、接続方法だけでなくスライドサイズも検討する必要がある。従来の4:3の比率に加え、最近では16:9や16:10の比率も増えている。

高速データ転送技術
MacBookなどに搭載されているデータ伝送技術にThunderboltがあり、USBやイーサネット、DisplayPortなどを扱える。USB Type-Cの形状が使われる。

用語の使用例

「プレゼンに使うケーブルはVGAとHDMIのどちらを用意すればいい?」

関連用語

(解像度と画素、ピクセル)……P81　(シリアルとパラレル)……P89

72

▶もじこーど ▶きしゅいぞんもじ

Keyword 058

文字コードと機種依存文字

環境によって文字が異なる

コンピュータで文字を扱うには数値に対応付けて表現する文字コードを使う。英数字が中心のASCIIコードに加え、日本語を扱えるShift_JISやEUC-JP、世界中の文字を使えるUnicodeなどがある。特定の機種でしか使えない文字コードは機種依存文字と言う。

第2章 セットで覚えるIT用語

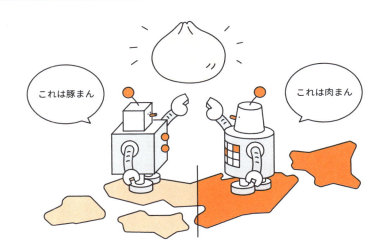

用語に関連する話

文字コードと文字化け
ファイルに保存したときの文字コードと、読み込むときの文字コードが異なっているときに、文字が正しく表示されないことを文字化けと言う。

現在の世界標準：UTF-8
Unicode用の符号化方式の1つにUTF-8があり、Webページの記述だけでなく、世界中の多くのソフトウェアで圧倒的に多く使われている。

世界に広がった絵文字
絵を使って1つの文字で表現したものに絵文字があり、一部の文字コードに含まれている。近年ではEmojiは世界中で使われ、共通言語として注目されている。

用語の使用例

「メールでは機種依存文字を使わないように教えてもらったよね？」

関連用語

書体とフォント……P74　アイコンとピクトグラム……P77

73

Keyword 059

書体とフォント

文章の見た目を変える

文字の見た目を変えるために使われるのが書体で、長い文章でも読みやすい明朝体や、タイトルなど見出しに使うゴシック体などがある。書体に加えて、文字サイズや色、太字や下線などの文字への指定をまとめてフォントと言う。プログラムのソースコードなどの場合には桁を揃えるため、各文字の幅が等しい等幅フォントが使われることが多い。

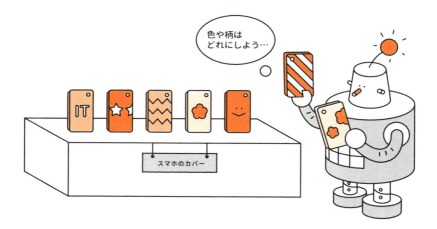

用語に関連する話

セリフとサンセリフの違い
明朝体のように文字の線の端にヒゲ（ウロコ）が付けられている書体をセリフ、ゴシック体のようにヒゲ（ウロコ）がない書体をサンセリフと言う。

文字サイズを表すポイント
出版などにおいて使われる単位にポイントがあり、文字や図形のサイズを指定するときによく使われる。通常の文章では10ポイント程度の大きさが使われる。

振り仮名に使われるルビ
漢字などに振り仮名を小さく付けるときに使われる文字をルビと言い、「ルビを振る」「ルビを組む」などのように使われる。横書きでは上に、縦書きでは右に付ける。

用語の使用例

「かっこいい書体を使うためには、文字にフォントを指定してね。」

関連用語

文字コードと機種依存文字 ……P73　CSS ……P158

▶ふろんとえんど ▶ばっくえんど　　　　　　　　　　　　　　　Keyword 060

フロントエンドとバックエンド

システムの役割が違う

利用者が操作する画面など前面の環境をフロントエンド、利用者には見えない裏側の環境をバックエンドと呼ぶ。Webアプリの場合、フロントエンドはWebブラウザ向けのHTMLやCSSなど、バックエンドはWebサーバーやデータベースの管理が該当する。

おもて　　　　　　うら

用語に関連する話

インフラとの違い
バックエンドを担当するエンジニアはインフラエンジニアとも呼ばれるが、主にWeb系の業務を担当する場合にバックエンドと呼ばれることが多い。

デザイナーとエンジニア
フロントエンドは見た目に関わる部分のため、デザイナーが関わることも少なくない。エンジニアはプログラミングなどを含めた技術面を担当することもある。

漢字変換ソフトを指すFEP
フロントエンドという言葉が使われるものにFEPがある。入力された文字を漢字に変換してアプリに渡すソフトのことで、最近ではIMEと言われる。

用語の使用例

「**フロントエンドを中心に開発している会社は、オフィスもオシャレなんだよね。**」

関連用語

（MVCとデザインパターン）……P243

▶いんぽーと ▶えくすぽーと　　　　　　　　　　　　　　　　　　　　　Keyword 061

インポートとエクスポート

他のソフトウェアとデータをやり取り

あるソフトウェアで使っていたデータを他のソフトウェアでも使いたい場合、データの互換性が問題になる。そこで、他のソフトウェアでも使えるように、テキスト形式などのファイルに出力することをエクスポートと言い、他のソフトウェアでそのファイルを取り込むことをインポートと言う。やり取りするファイル形式としてCSV形式がよく使われる。

用語に関連する話

大量データの一括インポート
大量のデータを一括でインポートすることをバルクインポートと言い、高速に処理できる処理方法を指す。データベースではバルクインサートと言う。

プログラミングにおけるインポート
プログラミング言語においては、他で作られたライブラリなどを使う場合、インポートすることでその機能を使えるようになる。

バックアップ、リストアとの違い
あるソフトウェアで使うデータを別の媒体に保存することをバックアップ、何かあった場合に元に戻すことをリストアと言う。

用語の使用例

「他のソフトでエクスポートしたデータをインポートしてください。」

関連用語

アダプタとコンバータ……P93　ストレージ……P221

▶あいこん ▶ぴくとぐらむ　　　　　　　　　　　　　　　　　Keyword 062

アイコンとピクトグラム

一目で理解できる表現

小さな絵を使って一目で理解できるように表現する方法にアイコンがあり、PC やスマホのアプリを表現するために使われる簡単な絵柄のものが多い。また、公共の場所でトイレや非常口などを表すために使われる絵文字のことをピクトグラムと言い、表したい内容を単純な記号で表現していることが多い。

第2章 セットで覚えるIT用語

用語に関連する話

Web サイトに使われるファビコン
Webページに設定されており、アドレスバーやタブ、お気に入りなどに登録した際に表示されるアイコンをファビコンと言う。

画像を使わないアイコン
Webサイト上などで文字のように表示できるアイコンのことをWebアイコンフォントと言い、画像でないため色やサイズを簡単に変えられる。

ISOやJISでの標準規格
案内図などに使われるピクトグラムは国や文化が違っても理解しやすい。ISO や JIS で標準化が行われており、ISO 7001やJIS Z 8210などがある。

用語の使用例
「アイコンで欲しいファイルを簡単に見つけられるから便利だ。」

関連用語
文字コードと機種依存文字……P73　サムネイル……P153

77

▶ちょさくけん ▶くりえいてぃぶ・こもんず

Keyword 063

著作権とクリエイティブ・コモンズ

盗作を防ぐ

文章やイラスト、音楽、ソースコードなどの作者に法律で与えられる権利として著作権があり、通常は創作した著作者にすべての権利があり、申請は不要。なお、著作物の再利用を許可する条件を著作者自らが指定できる方法としてクリエイティブ・コモンズがある。

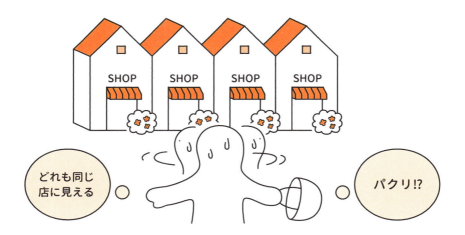

用語に関連する話

著作権を主張しないパブリックドメイン
知的財産権が発生していない状態または消滅した状態をパブリックドメインと言い、一切の著作権を主張しない場合に使われる。

プログラミング言語の著作権
プログラミング言語に著作権があると、その言語を使って作られたソフトウェアも保護されてしまうことから、言語には著作権が認められていない。

人格権と財産権
著作権は著作者の人格的な利益を保護する著作者人格権と、利用方法の許可や使用料の管理など財産的な利益を保護する著作権(財産権)に分けられる。

用語の使用例

「クリエイティブ・コモンズを確認して著作権を表記しなくては。」

関連用語

オープンデータ……P44 オープンソース……P169

Keyword 064

OSとアプリケーション

ソフトウェアの役割が違う

ソフトウェアは大きくOSとアプリケーションに分けられる。OSは基本ソフトとも呼ばれ、ハードウェアの制御やメモリの管理などコンピュータの動作に必要な機能を備えている。一方、アプリケーションは応用ソフトとも呼ばれ、表計算やワープロ、インターネットの閲覧、音楽の再生など、個別の機能に特化したソフトウェアを指す。

用語に関連する話

環境を整えるセットアップ
コンピュータを使用できるように設定することをセットアップと言い、ソフトウェアの導入だけでなくハードウェアの設置も含まれることが多い。

ソフトウェアの導入
コンピュータにソフトウェアを導入して、使えるようにすることをインストールと言い、対話形式で行う「インストーラ」が配布されることも多い。

よく使われるOSの種類
PCやサーバー用のOSとしてWindowsやmacOS、Linuxなどが多く使われており、スマホ用のOSではAndroidやiOSなどが使われている。

用語の使用例

「新しいアプリケーションでもすぐに使えるのはOSがあるおかげだよね。」

関連用語

カーネル……P241　APIとSDK……P242

▶てきすと ▶ばいなり　　　　　　　　　　　　　　　　　　　　　　Keyword 065

テキストとバイナリ

2種類に分けられるファイル形式

コンピュータは2進数で処理するため、どんなファイルも0と1だけで保存されている。文字コードに対応した値で構成されているファイルをテキストファイルと言い、文字コードに対応した文字が表示される。文字コードとは無関係のファイルをバイナリファイルと言い、画像や音声、動画、プログラムなど、文字の並びでないファイルが該当する。

用語に関連する話

テキストファイルの例
単純なテキストファイルをプレーンテキストと言うが、他にもHTMLやCSS、プログラムのソースコードなどがテキスト形式で保存されている。

バイナリファイルを見る
バイナリファイルをメモ帳などのアプリで開くと理解できない文字が表示されるが、バイナリエディタと呼ばれるアプリを使うと、16進数などで表示できる。

テキストファイルのメリット
バイナリファイルだと専用のソフトが必要だが、テキストファイルであればOSや環境が変わっても、特殊なソフトを使わなくても処理できる。

> **用語の使用例**
> 💬「バイナリにしたら扱いにくいからテキスト形式で渡して欲しいんだけど。」

関連用語

（文字コードと機種依存文字）……P73　（ソースコードとコンパイル）……P228

▶かいぞうど ▶がそ ▶ぴくせる　　　　　　　　　　　　　　　　　　Keyword 066

解像度と画素、ピクセル

写真や画像の綺麗さを決める

画像ファイルやコンピュータの画面は小さな点の集まりでできており、この点をピクセルやドットと言う。1つの画像を構成するピクセルの数が画素で、100万画素であれば、小さな100万個の点で構成されていることを意味する。1インチ（約2.54cm）にあるドットの数を表す言葉に解像度があり、「dpi（ドット／インチ）」という単位を使う。

第2章 セットで覚えるIT用語

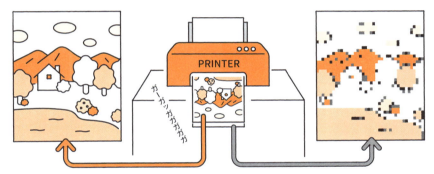

高解像度　　　　　　　　　　　　　　　低解像度

用語に関連する話

色を表現する三原色
画面や印刷物で色を表現するために、3つの色を混ぜてあらゆる色を作り出す。この基本となる色を三原色と言い、「光の三原色」と「色の三原色」がある。

ディスプレイなどで使うRGB
Red（赤）、Green（緑）、Blue（青）の頭文字で、ディスプレイなどで使われる「光の三原色」をそれぞれの量で表す。

印刷物で使うCMYK
シアン、マゼンタ、イエローという「色の三原色」の頭文字を取ったCMYに加え、キー・プレートである黒を合わせた4つの色で、印刷物での色の指定によく使われる。

用語の使用例

「プリンタを選ぶときは、解像度の高い機種を選ぶと綺麗に印刷できるよ。」

関連用語

VGA と HDMI ……P72　　JPEG と PNG ……P172

▶じっしんほう ▶にしんほう ▶じゅうろくしんほう

Keyword 067

10進法と2進法、16進法

コンピュータ内部での数値表現

0〜9までの10個の数字で数を表す方法を10進法と言う。一方、コンピュータは0と1の2つの数字で表す2進法を使っている。2進法では大きい数を表現すると桁数が多くなってしまうため、4桁分をまとめて「0〜F」の16種類を使った16進法で書くことが多い。

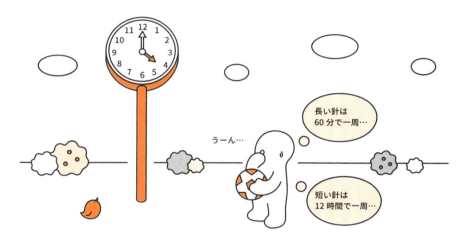

用語に関連する話

10進数から2進数への変換
整数の10進数を2進数に変換するには、変換したい10進数を商が0になるまで2で割り続け、求めた余りを逆から並べる方法がよく使われる。

16進数が使われる カラーコード
HTMLなどで色を表現するためにカラーコードと呼ばれる文字列が使われ、色のRGB値を16進数で表現する（例:#FFFFFFは白）。

負の数には2の補数を使う
コンピュータで2進法を使って負の値を表現する場合、桁数を32ビットなどで固定し、各桁の0と1を入れ替えて、1を足した「2の補数」が使われる。

用語の使用例

「Windowsの電卓を使えば10進法から2進法、16進法への変換も簡単にできるよ。」

関連用語

IPアドレスとポート番号……P56 CSS……P158

Keyword 068

バージョンとリリース

同じソフトウェアの更新を管理する

ソフトウェアは開発したら終わりではなく、不具合の修正や機能の追加などが継続して発生するため、その違いを管理するために、同じソフトウェアであっても番号などを使って識別できるようにしている。これをバージョンと言い、バージョンが変わることを「バージョンアップ」と言う。また、世の中に出すことをリリースと言う。

Ver 3

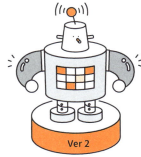
Ver 2

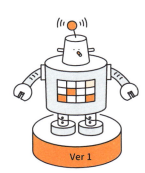
Ver 1

用語に関連する話

大きく変わるメジャー
「1.2.3」のようにピリオドで区切られるバージョン番号では、大きな修正が行われた場合に最上位を変えることが多くメジャーバージョンと呼ばれる。

中くらいの変更はマイナー
バージョン番号のメジャーに続く2番目の値をマイナーと言い、中程度の修正を指す。マイナーチェンジなどと呼ばれることもある。

最近増えているα版やβ版
未完成の状態で一部の人に公開し、使ってもらって問題点や不具合を製品にフィードバックするために使われるバージョンにα版やβ版がある。

> **用語の使用例**
> 「大きい変更はバージョン、小さい変更はリリースの番号を変えるね。」

関連用語

gitとSubversion ……P84　カットオーバーとサービスイン ……P102

83

Keyword 069

▶ぎっと ▶さぶばーじょん

gitとSubversion

バージョン管理システムの定番

ファイルの内容を変更して保存するとき、その差分を知りたかったり、以前の内容に戻したかったりする場合がある。ファイル名を変えて別ファイルとして保存する方法もあるが、どれが最新かわからなくなる可能性があるため、バージョン管理システムが使われる。よく使われているバージョン管理システムに git と Subversion がある。

用語に関連する話

バージョン管理情報の保管
データを一元管理する貯蔵庫の意味を持つ言葉にリポジトリがあり、バージョン管理システムで使うファイルなどのデータを貯めておく場所を指す。

リポジトリのホスティング
git を使ってソースコードを管理するときによく使われている、リポジトリのホスティングサービスとして GitHub や GitLab、BitBucket が有名。

リポジトリとのやり取り
バージョン管理システムのリポジトリからファイルを取り出すことをチェックアウトと言い、逆にファイルを書き込むことをチェックインと言う。

用語の使用例

「一時期はSubversionをよく使ったけど最近はgitが増えてきたね。」

関連用語

(バージョンとリリース)……P83　(ローンチとリリース)……P101

▶もじゅーる ▶ぱっけーじ　　　　　　　　　　　　　　　　　Keyword 070

モジュールとパッケージ

ライブラリを管理する

よく使われるプログラムを他の人が再利用できるようにひとまとめにしたものに「ライブラリ」があり、似た言葉にモジュールとパッケージがある。言語や環境によって異なるが、プログラムの部品となる小さな部分をモジュール、使いやすい形になっているものをライブラリ、複数のモジュールやライブラリをまとめたものをパッケージということが多い。

用語に関連する話

モジュールの分割基準
後で修正しやすいように、他のモジュールにできるだけ依存しない単位で分割するが、その大きさや関連性の強さ、結合の度合いを粒度、強度、結合度と言う。

プログラミング言語での パッケージ管理
プログラミング言語のパッケージの更新やインストールを助けるには、パッケージマネージャや依存関係管理ツールを使う。

UNIX系OSでの パッケージ管理
UNIX系OSではアプリケーションの管理のために、APTやRPM、ports、Homebrewなどのパッケージマネージャが多く使われている。

用語の使用例

「Pythonだと複数のモジュールをまとめてパッケージと言うね。」

関連用語

APIとSDK ……P242

▶ひょうけいさんそふと ▶でぃーびーえむえす　　　　　　　　　　　　　　　　Keyword 071

表計算ソフトとDBMS

データをまとめて管理する

データを管理するとき、CSVファイルなどのテキスト形式ではなく、表形式で管理できるソフトウェアにExcelなどの表計算ソフトがある。ただ、データ量が多い場合や複数の人が扱うデータの場合は、データベースを使うことで整合性の保持や高速な処理が可能となる。代表的なデータベースにMySQLやPostgreSQL、OracleなどのDBMSがある。

用語に関連する話

データを格納するセル
表計算ソフトで格子状に並んだマス目をセルと言い、このセルにデータを入れることで表を作成したり、計算したりする。行と列を使って位置を指定する。

関係を表現するRDBMS
複数の行と複数の列からなる表でデータ間の関係を表現し、制限や射影、結合といった関係演算を使うデータベースをRDBMSと言う。

大量データを扱う新手法
RDBMS以外のDBMSを指す言葉としてNoSQLがある。大量のデータを扱うときや、リアルタイムに解析する必要があるときに使われることが多い。

用語の使用例
「事務員を採用するときは表計算ソフトくらい使える人じゃないと困るね。」

関連用語
リレーショナルデータベースとSQL……P248

86

▶えすえむてぃーぴー ▶ぽっぷ ▶あいまっぷ　　　　　　　　　　　　　　　　Keyword 072

SMTPとPOP、IMAP

メールの送受信に使われる

メールを送信するときに使われるプロトコルにSMTPがあり、送信者のコンピュータからメールサーバー、メールサーバーとメールサーバーの間の通信に使われる。一方、メールを受信するときに使われるプロトコルにPOPやIMAPがあり、受信者のコンピュータとメールサーバーの間の通信に使われる。

第2章　セットで覚えるIT用語

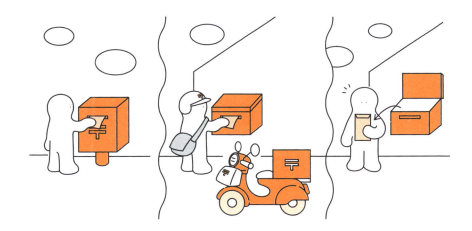

用語に関連する話

POPとIMAPの使い分け
POPはサーバーにあるメールをPCなどの端末にダウンロードしてメールソフトで管理するのに対し、IMAPではサーバー上で管理する。

迷惑メールを防ぐOP25B
迷惑メールの送信を抑止するため、外部ネットワークへの25番ポート（メールの送信に使われる）の通信をプロバイダで遮断することをOP25Bと言う。

添付ファイルを送る技術
英数字しか送信できなかった電子メールの規格を拡張し、添付ファイルなどを英数字に変換して送信できるようにした規格にMIMEがある。

用語の使用例
「最近はWebメールを使うことが多くて、SMTPやPOPの設定をすることが減ったね。」

関連用語
スパムメール……P183　SSL/TLS……P206

87

▶けんさくえんじん ▶くろーらー　　　　　　　　　　　　　　　Keyword 073

検索エンジンと
クローラー

インターネット上のデータを収集する

検索エンジンはインターネット上にあるサイトのデータを収集して蓄積しており、これを検索できるしくみを提供している。定期的に世界中のWebサイトを巡回しており、Webサイトのリンクをたどって収集することを「クローリング」と言う。そのツールをクローラーと言う。

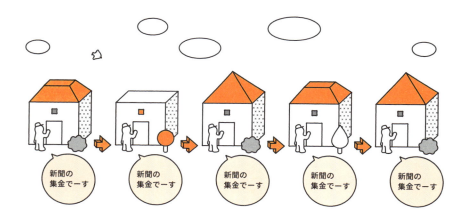

📖 用語に関連する話

検索結果の順位を決める
検索されたキーワードに関連していると思われるページを検索結果の上位に表示するために、要素を総合的に分析して決める作業をスコアリングと言う。

ポータルサイトとの違い
検索機能だけでなく、ニュースやメール、オークションなどのサービスを含めて利用者がWebを利用する入り口となるサイトをポータルサイトと言う。

サーバーへの負荷に注意
クローラーはWebサーバーにプログラムでアクセスして情報を取得するため、短時間に連続して取得するとサーバーに大きな負荷をかける可能性がある。

用語の使用例
「わからない言葉は、とりあえず検索エンジンで調べてみたら？」

関連用語
(WebサイトとWebページ)……P94　(スクレイピング)……P170

88

▶しりある ▶ぱられる　　　　　　　　　　　　　　　　　　　　　Keyword 074

シリアルとパラレル

データを高速にやり取りする工夫

データを直列で送受信することをシリアル、並列で送受信することをパラレルと言う。並列で送受信するほうが高速に処理できるように感じられるが、並列で処理するためにはそれぞれの通信タイミングを合わせる必要がある。一方、シリアルであれば順に処理するだけで良いため、単純に高速化できるというメリットがある。

第2章 セットで覚えるIT用語

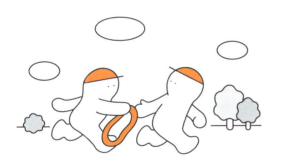

用語に関連する話

USBで周辺機器を繋ぐ
コンピュータへの周辺機器の接続に使われるシリアル通信の規格にUSBがある。いくつかの端子形状があるが最近の機器の多くが対応している。

コンピュータ内の接続
グラフィックボードなどを接続するために使われるシリアル接続の高速な転送インターフェイスとしてPCI Expressがあり、現在多く使われている。

プリンタなどで使われたパラレル接続
プリンタなどの接続でパラレル接続のセントロニクスが使われていたが、最近はUSBが主流になり見かけなくなった。

用語の使用例

「昔のインターフェイスはパラレルもあったけど、今はシリアルだね。」

関連用語

インターフェイス……P118

Keyword 075

▶ぶつり〇〇 ▶ろんり〇〇

物理〇〇と論理〇〇

頭の中で想像する

一般的に目に見える、実体のあるハードウェアに近いものを物理〇〇ということが多く、その物理的なものを見かけ上で実体があるようにソフトウェア的に扱う方法に論理〇〇がある。ただし、この〇〇に当てはまる言葉によって、その指す内容はまったく異なる。この「論理」は「仮想」に近い考え方で、想像上のものだと言える。

用語に関連する話

フォーマット形式での違い
ハードディスクをフォーマットする場合、物理フォーマットではディスク全体を初期化するのに対し、論理フォーマットでは管理情報の部分のみを初期化する。

装置の実体の有無
ハードディスク装置を考えたとき、物理ドライブは装置の実体を表すのに対し、論理ドライブでは1つの機器でも複数のドライブがあるように見せかけられる。

削除方法での違い
データベースなどからデータを削除する場合、物理削除は完全にデータを削除するが、論理削除では削除フラグを立てるなどの方法でデータを非表示にする。

用語の使用例

「IT用語には物理〇〇とか論理〇〇という言葉が多くてわかりにくい。」

関連用語

(仮想化)……P39

▶すけーるあうと ▶すけーるあっぷ　　　　　　　　　　　　　　　　Keyword 076

スケールアウトとスケールアップ

性能を上げる技術

個々のコンピュータにおけるハードウェアの性能を上げる方法をスケールアップ、複数のコンピュータを並べて性能を上げる方法をスケールアウトと言う。どちらの方法も使われるが、最近ではデータセンターなどを中心に、安価な端末を使うスケールアウトが多い。

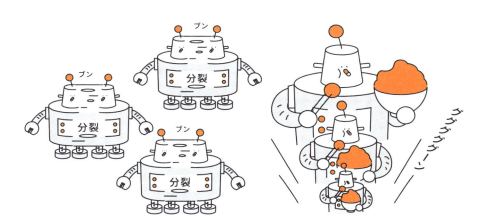

用語に関連する話

アムダールの法則
コンピュータを並列で構成したとき、全体として性能が向上する目安を数式で表現した法則にアムダールの法則があり、性能向上の限界の予測に使われる。

頻繁な更新における性能
1つのデータベースに対して頻繁に更新が行われる場合、分散したすべての保存先に反映するよりも性能を上げるスケールアップが有効である。

障害に強いスケールアウト
負荷の分散による性能の向上だけでなく、スケールアウトには一部が故障した場合もそれ以外の機器で継続して稼働できるというメリットがある。

用語の使用例

「スケールアウトとスケールアップのどちらが高速に処理できるかな？」

関連用語

負荷分散 ……P254

Keyword 077

▶えすいー ▶ぷろぐらま

SEとプログラマ

システム開発に携わる職種

システム開発には要件定義から設計、開発、テスト、運用といった流れがあり、その中でも主に要件定義や設計などの上流工程から関わる人をSE（システムエンジニア）と呼ぶ。一方、開発段階で主にプログラムを作る人のことをプログラマと言う。ただし、明確に仕事の内容が区分されているわけではなく、企業の業種や規模などによっても変わる。

用語に関連する話

SEに求められる能力
ITに対する幅広い知識だけでなく、設計書などの文書作成、顧客の業務に関する知識、顧客と会話するコミュニケーション能力などもSEには求められる。

プログラマに必要な能力
プログラマはプログラミング言語に関する知識だけでなく、物事を順序立てて考え、漏れなどがないように実装できることが求められている。

プログラマ35歳定年説
プログラマとしてのキャリアを積み重ねても、体力面、SEやマネジメントなどの役職の変化により、プログラマという役職を35歳程度で終えることを指す。

用語の使用例

「プログラマを長年経験してからSEになる人が多いみたいだね。」

関連用語

オフショア……P47　SES……P106

▶あだぷた ▶こんばーた　　　　　　　　　　　　　　　　　　　Keyword 078

アダプタとコンバータ

データを変換する機器

異なるインターフェイスのものを適合させて使えるようにするものをアダプタと言い、情報の形を変換するものをコンバータと言う。アダプタはインターフェイスのみを変換して中身は変えずに仲介するだけであるのに対し、コンバータは中身を変えて受け渡すイメージがある。

用語に関連する話

インバータとの違い
電化製品などの直流を交流に変換する装置をインバータと言い、逆に交流を直流に変換する装置をコンバータと言う。電圧や周波数を変えるために使われる。

ACアダプタの役割
交流を直流に変換するだけでなく、電圧を下げる役割を果たす機器にACアダプタがあり、ノートPCや携帯電話などの小型機器で多く使われる。

ファイル形式のコンバータ
あるソフトウェア向けに作られたファイルを別のソフトウェアでも扱えるようにファイル形式を変換するソフトウェアをファイルコンバータと言う。

用語の使用例
「アダプタとコンバータは似てるけど使い分けられているのかな？」

関連用語
インポートとエクスポート……P76　インターフェイス……P118

93

Keyword 079

▶うぇぶさいと ▶うぇぶぺーじ

WebサイトとWebページ

インターネット上に公開されている情報

Webブラウザを使って閲覧する、インターネット上に公開されている文書の1つ1つをWebページと言う。また、1つの会社などで、あるドメインの中にトップページや会社情報、商品情報など複数のWebページをまとめて公開している場合、そのドメインの下にあるWebページ全体を指してWebサイトと言う。

用語に関連する話

ホームページとの違い
Webブラウザを起動したときに最初に表示されるページをホームページと呼んでいたが、最近ではWebページやWebサイトのことを指すことが多い。

Webページの公開手順
Webページを公開するには、ページの内容をHTMLで書き、用意したWebサーバーにアップロードする。適切な場所に配置すると、設定されたURLで閲覧できる。

制作業務での分担
Webサイトを企業で作成する場合、デザインを担当するデザイナーやHTMLを担当するコーダー、方向性を決めるディレクターなどが分担する。

用語の使用例
「新しいWebサイトのデザインはあのWebページを参考にしてね。」

関連用語
(検索エンジンとクローラー)……P88 (Webサイトマップ)……P156 (HTML)……P157

94

Column

同じ頭文字が使われる IT用語

　IT業界では、英語を省略した頭文字をよく使います。ただし、2～3文字のものが多く、重複してしまうことは珍しくありません。文脈から想像できることが多いのですが、初心者にとっては違いがわからないものです。

　例えば、以下の表のような略語が挙げられます。似たような業務で使う用語の場合、間違えて認識してしまう可能性があるため、**略語を使う場合には注意しましょう。**

略語	用語	使われるところ
ASP	Application Service Provider（アプリケーションサービスプロバイダ）	Webアプリの技術
	Active Server Pages（アクティブサーバーページ）	Webアプリの技術
CC	Creative Commons（クリエイティブ・コモンズ）	著作権
	Common Criteria（コモンクライテリア）	セキュリティ
CV	Conversion（コンバージョン）	Webマーケティング
	Contents View（コンテンツビュー）	Webマーケティング
EUC	End User Computing（エンドユーザーコンピューティング）	情報システム
	Extended Unix Code（拡張UNIXコード）	文字コード
FB	Facebook（フェイスブック）	SNS
	Feed Back（フィードバック）	ビジネス用語
FW	Fire Wall（ファイアウォール）	セキュリティ
	Framework（フレームワーク）	システム開発
	Firm Ware（ファームウェア）	情報システム

Column

同じ頭文字が使われるIT用語

略語	用語	使われるところ
HP	Home Page（ホームページ）	インターネット
	Hewlett Packard（ヒューレットパッカード）	コンピュータメーカー
ML	Machine Learning（機械学習）	人工知能
	Mailing List（メーリングリスト）	ビジネス用語
PP	Privacy Policy（プライバシーポリシー）	セキュリティ
	Protection Profile（プロテクションプロファイル）	セキュリティ
PR	Pull Request（プルリクエスト）	システム開発
	Public Relations	広報
SE	System Engineer（システムエンジニア）	システム開発
	Sound Effect（サウンドエフェクト）	音響

　上記の表に含まれるのは、頭文字を取ったものばかりですが、コンピュータ関係で略語を作るときには独特のルールもあります。

　例えば、Extensible Markup Language は XML となり、Exclusive OR は XOR となるように Ex で始まる言葉を X と略すことが多いです。

　また、Cross Site Scripting を XSS と略すように、頭文字だと C のものでも X になっている場合があります。これは、CSS と略してしまうと Cascading Style Sheet と区別がつきにくいからです。このため、脆弱性を表す単語として、Cross Site Request Forgeries は CSRF なのに、Cross Site Scripting は XSS と略される、という状況が発生しています。

　頭文字だけを覚えるのではなく、略語や用語を覚えるときは、基の英語も併せて覚えると、間違えにくくなります。そして、他にも似たような言葉がないか、意識しながら学ぶようにしましょう。

第3章

打合せ・ビジネス会話で使われるIT業界用語

Keyword 080〜117

▶こうすう ▶にんにち ▶にんげつ　　　　　　　　　　　Keyword 080

工数と人日、人月

開発期間の見積に使われる

ソフトウェアの開発に必要な時間を見積もるときに使われる考え方に、工数がある。多くの開発者が参加するため、1人で作業すると6日かかる作業でも、2人で作業すると3日、3人で作業すると2日、というように計算し、この場合の工数は「6人日」である。このように、人日や人月という単位が使われる。

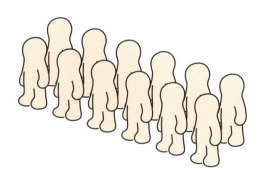 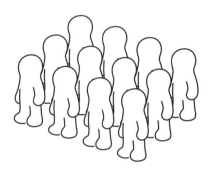

用語に関連する話

書籍『人月の神話』
「人月」を使って見積を行うことの問題点を指摘した本に『人月の神話』があり、人を増やしても単純には開発期間を短縮できないことを示している。

見積の精度を上げる
工数の見積を行うときは、過去の実績から類推する方法や、実装する機能の数などから数学的に計算するファンクションポイント法などが使われる。

人月計算の問題点
人月で計算する場合、熟練者と初心者の区別がないことが多く、見積時の想定人員とメンバー構成が変わった場合、納期に間に合わないことがある。

用語の使用例
「工数を見積もるとき、1人月は20人日で計算しておいてね。」

関連用語
アジャイルとウォーターフォール ……P23　システムインテグレーター ……P41

▶でふぁくとすたんだーど　　　　　　　　　　　　　　　　　　　Keyword 081

デファクトスタンダード

多くの人に使われる

製品を多くの人に使ってもらうために、「標準に準拠する」という考え方があり、ISO や JIS などの標準規格が定められている。しかし、IT 業界では ISO や JIS などの標準になっていなくても多くの人に使われていて、実質的な世界標準になっているものがあり、これをデファクトスタンダード（事実上の標準）と言う。

第3章　打合せ・ビジネス会話で使われる IT 業界用語

用語に関連する話

デジュールスタンダード
デファクトスタンダードと対立する考え方として、標準化団体によって定められた規格を「デジュレスタンダード」や「デジュールスタンダード」と言う。

多くのシェアが重要
デファクトスタンダードとして多くの人に認められるには、技術的に優れているかどうかよりも、多くのシェアを確保しているか、という視点が大きい。

デファクトスタンダードの例
デファクトスタンダードとしてよく知られているものに、通信規格の TCP/IP、PC 用 OS の Windows、メモリーカードの SD カードなどがある。

用語の使用例

「家庭用の VHS はデファクトスタンダードの例としてよく使われるね。」

関連用語

デフォルト ……P113

99

Keyword 082

リソースとキャパシティ

事前の確保が重要

プロジェクトを進めるにあたり、必要な人員や予算、設備などをリソースと言い、特に人のスキルや負荷を定量化するのは難しいため管理が必要となる。また、想定されている要員の量などの計画値をキャパシティと言う。不足している場合には増員や作業期間の延長によってその量を増やすことが考えられる。

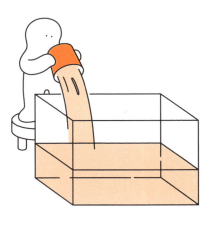

📖 用語に関連する話

システム構成のリソース
ハードウェアやソフトウェア、ネットワークなどもリソースと言うことがあり、メモリーの容量や回線速度が不足した場合などもリソース不足と言う。

プログラミングのリソース
プログラムに使用する画像やアイコン、メニューなどもリソースと言い、実行ファイルなどに埋め込まれている。これを編集するためのリソースエディタがある。

システム構成のキャパシティ
CPUリソースやディスク容量、回線容量のことをキャパシティと言い、システム開発においては過不足がないように計画し、配備する必要がある。

用語の使用例
💬「すでにキャパシティがいっぱいだ。リソースは確保しておかないと。」

関連用語
（プロジェクトマネジメント）……P103　（シミュレーション）……P116

Keyword 083

▶ろーんち ▶りりーす

ローンチとリリース

一般に公開する

CDなどの発売開始やWebサイトの公開のように世の中に送り出すことを、手から離れるという意味を込めて、リリースと言う。似た言葉にローンチがあり、Webサービスの提供開始やスマホアプリの公開のように、リリースより高度なプログラムが使われている場合やリリース後に使われる。

第3章 打合せ・ビジネス会話で使われるIT業界用語

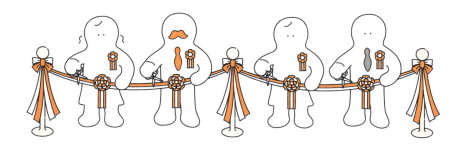

用語に関連する話

キックオフとの違い
プロジェクトを始めることをキックオフと言い、顔合わせの意味で会議を開くことが多い。ローンチやリリースはプロジェクトが終わり、一般に公開することを指す。

ローリング・リリース
ソフトウェアを小刻みに更新することを指し、バージョン番号の大きな変化がなく、再インストールも不要で、少しずつ機能の追加を行ってアップデートしていく。

プレスリリース
報道機関やマスコミなどに対し、新商品の情報などを企業が発信し、多くの人に興味を持ってもらうための手法をプレスリリースと言う。

用語の使用例

「新しいアプリをローンチするとき、Webサイトもリリースしてね。」

関連用語…

カットオーバーとサービスイン……P102

101

▶かっとおーばー ▶さーびすいん

Keyword 084

カットオーバーと サービスイン

システムの開発終了と利用開始

システムの開発が完了すると、公開して利用が始まる。ここで、「システム開発が完了した」ことをカットオーバーと言い、開発者にとってゴールだと言える。一方、経営者や運用の目線ではここからがサービスのスタートで、サービスインと言うこともある。

用語に関連する話

深夜や土日の対応
既存システムへの追加などのカットオーバー時はトラブルが発生しやすいため、深夜や土日など、利用者の少ないタイミングで行われることが多い。

クリティカル・パス
プロジェクトに必要な作業を時間順に繋いだ経路のうち、所要時間が最長となるものをクリティカル・パスと言い、これが遅延すると全体も遅延する。

元に戻す「切り戻し」
変更した内容をカットオーバーしたが、上手く動作しなかった場合など、元に戻すことを「切り戻し」と言い、切り替えたものを元に戻すことを意味する。

用語の使用例
「カットオーバーとサービスインは視点が違うだけで同じことだよね。」

関連用語
(ローンチとリリース)……P101

Keyword 085

プロジェクトマネジメント

計画通りに作業を進める

あるシステムを開発する、などの目標を達成するための計画のことをプロジェクトと言う。プロジェクトを計画通り進めるには、現状を把握し、遅れていれば原因を追求して対処する必要があり、この状況を管理することをプロジェクトマネジメントと言う。プロジェクトマネジメントの対象はスケジュールだけでなく、費用面や人員配置など多岐にわたる。

用語に関連する話

プロジェクトマネジメントのガイド
プロジェクトマネジメントで使われる効率的な方法をまとめたガイドにPMBOK（プロジェクトマネジメント知識体系）がある。

金額で管理するEVM
プロジェクトの進捗状況を把握し、管理するために使われる手法の1つにEVMがあり、到達度を金額に換算して把握する特徴がある。

ITILとは
ITサービスを安定して提供し、改善を積み重ねるための管理方法についての効率的な方法をまとめた内容にITILがあり、多くの成功事例が掲載されている。

用語の使用例

「今回はプロジェクトマネジメントが上手くできてスムーズだったね。」

関連用語

WBS ……P104

Keyword 086

WBS

必要な作業を細かく分割する

大きなプロジェクトを管理する場合、全体を一気に把握するのは困難なため、小さな単位に分割して管理する。この分解された単位を「タスク」と言い、タスクごとに進捗を管理する方法として、WBSがよく使われる。WBSは各工程を大、中、小のように分割して木構造に表現し、時系列に並べたもので、工程表と呼ばれることもある。

用語に関連する話

作業や進捗を示す棒グラフ
プロジェクト管理などで作業計画、進捗状況を視覚的に表現するために使われる図にガントチャートがあり、棒グラフのように棒の長さで進捗を表現する。

所要時間を示すPERT図
プロジェクトの各工程の所要時間を矢印で表現する方法にPERT図（アローダイヤグラム）があり、クリティカル・パスを把握しやすくするために使われる。

ロードマップとは
将来の目標や予定をざっくりと時系列に沿ってまとめたものにロードマップがあり、行程表（WBSは工程表）とも呼ばれる。その区切りをマイルストーンと言う。

用語の使用例

「今日の作業が終わった段階でWBSに記入するのを忘れないようにね。」

関連用語

プロジェクトマネジメント……P103

▶えすえるえー　　　　　　　　　　　　　　　　　　　　　　Keyword 087

SLA

サービスの信頼性を示す

クラウドなどのサービスがどのくらい停止して使えない状況が発生するのか、その信頼性を示す指標として SLA がある。メンテナンスや障害などでサービスが停止することを想定し、そのサービスレベルについて提供者と利用者の間で合意事項を形成するために使われ、この保証値を下回った場合には利用料金の減額などが行われる。

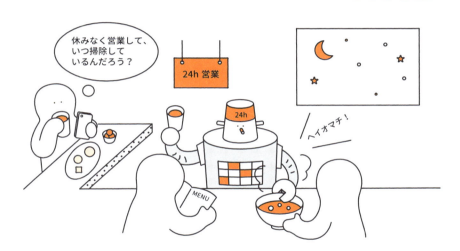

用語に関連する話

可用性の指標となる稼働率
サーバーなどを使用可能な状態が全体の時間に占める割合を稼働率と言い、99.9%だと1年のうち99.9%は使用できる状態であることを表す。

ファイブ・ナインとは
稼働率が99.9%だと年間で約8時間停止するのに対し、ファイブ・ナインは99.999%を意味し、年間で約5分しか停止しないことを意味する。

SLAを満たさなかった場合
SLAで定めた稼働率などの条件を満たせなかった場合、支払った金額の一部で返金や減額といった補償を行う事業者も多い。地震などの自然災害は例外となる。

用語の使用例

「メンテナンスで停止する時間がSLAに定められているか確認してね。」

関連用語

CMS ……P143　HTML ……P157

第3章　打合せ・ビジネス会話で使われるIT業界用語

▶えすいーえす Keyword 088

SES

IT業界における働き方

IT業界において、ある現場に常駐して働き、成果物に対してではなく、時間単位で労働の対価を支払う形態をSESと言う。社内で確保できない人員を外部に発注するときに使われ、A社がB社に発注した場合、B社のエンジニアがA社（発注者）で常駐して作業を行う。このとき、エンジニアに指示できるのはB社（受注会社）のみである。

用語に関連する話

請負契約
仕事の完成を約束し、その仕事の結果に対して報酬を支払う契約に請負契約がある。仕事の進め方に関わらず固定の金額であることが多い。

準委任契約
決められた時間働くことを契約したもので、仕事の完成は求められないが、代わりに「作業報告書」を提出する。また、瑕疵担保責任は発生しない。

派遣契約
派遣契約も準委任契約と同様に決められた時間働き仕事の完成は求められない契約だが、指揮命令を発注者が行うという違いがある。

用語の使用例
「SESの契約が今月で終わるから来月からの仕事を探さないとね。」

関連用語
システムインテグレーター……P41　オフショア……P47　SEとプログラマ……P92

106

▶りてらしー　　　　　　　　　　　　　　　　　　　　　　　Keyword 089

リテラシー

現代の一般常識

リテラシーは「識字」と訳されることがあるように、基本的な能力を指す。いわゆる「一般常識」であり、IT業界では「ITリテラシー」や「情報リテラシー」が求められる。「情報活用能力」や「情報活用力」とも言われ、コンピュータをただ使用するだけでなく、情報を正しく収集・把握し、分析、選択、活用などができることを意味している。

第3章　打合せ・ビジネス会話で使われるIT業界用語

用語に関連する話

広がる情報格差
収集する情報の量や処理できる能力の違いを情報格差と言い、年齢によるものや地域によるものなど、人によって得られる内容やレベルが違うことを意味する。

情報操作に注意
メディアで流されている情報を鵜呑みにしてしまうと、情報操作や世論操作などに影響される恐れがあり、メディア・リテラシーが求められると言える。

情報モラルとの違い
情報リテラシーが基本的な能力を指すのに対し、情報モラルは情報機器やサービスを適切に使う考え方や態度のことを指す。「情報倫理」とも言われる。

用語の使用例

「ITのリテラシーを学校で教えないと、社会に出てから困るよね。」

関連用語
エンドユーザー……P108

107

▶えんどゆーざー　　　　　　　　　　　　　　　　　　　　　　　Keyword　090

エンドユーザー

利用者のことを意識する

ソフトウェアの開発者やサービスの提供者ではなく、提供されたものを利用する人をエンドユーザーと言う。情報システム部門以外の人が自主的にコンピュータを操作して、自分たちの業務に役立つようなシステムを開発・運用することをエンドユーザーコンピューティング（EUC）と言うこともある。

用語に関連する話

クライアントとの違い
システムやサービスの発注者や依頼者のことをクライアントと言うが、エンドユーザーは発注者や依頼者に限らず、利用者全般を指す。

カスタマーとの違い
カスタマーは一般の消費者を指すが、代金を支払っている顧客のことを指すことが多く、エンドユーザーのような利用するだけの人とは区別される。

コンシューマーとの違い
コンシューマーはエンドユーザーと非常に近いが、一般の利用者を指すマーケティングの意味合いが強く、エンドユーザーは企業での利用者も含まれると考えられる。

用語の使用例

「このシステムはエンドユーザーのことを考えて作られているのかな？」

関連用語

リテラシー……P107　　UI と UX……P119

Keyword 091

▶ふぃっくす

fix（フィックス）

仕様の変更を許さない

ソフトウェアの仕様を決め、それ以上の変更を許さないことをfixと言う。ソフトウェアの開発には仕様変更がつきものだが、依頼者がいつまでも仕様を決めないと、開発が進められないため、仕様を固定化する、という意味を込めて使われる。fixした後で仕様変更が発生すると、その部分の開発などは別料金になることが一般的である。

用語に関連する話

要求定義と要件定義
顧客が実現したい希望を明確にしていく作業に要求定義があり、その中から実現する機能や満たすべき性能をまとめる作業を要件定義と言う。

仕様変更の問題点
仕様書の内容を変更することを仕様変更と言い、進めていた設計や開発の見直しや修正が必要になる。整合性が取れなくなったり、不具合が発生しやすくなる。

バグフィックスとは？
ソフトウェアに含まれるバグを修正することをバグフィックスと言い、修理の意味で使われる。特に緊急のものはホットフィックスと言う。

用語の使用例
「早く仕様をfixしてくれないと開発が全然進まなくて困るんだけど。」

関連用語
プロジェクトマネジメント……P103

Keyword 092
▶とれーどおふ

トレードオフ

一方を立てればもう一方が立たず

一方を立てればもう一方が立たない状況をトレードオフと言う。情報セキュリティでは、安全性を確保しようとすると利便性が損なわれたり、実現にかかる費用が高額になる場合がある。一方で、コストを抑えたり、利便性を優先したりすると、安全性が損なわれる。このバランスが大切であることを指す言葉としても使われる。

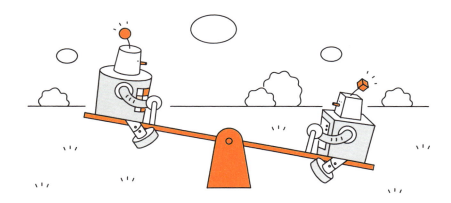

用語に関連する話

圧縮率と画質の関係
データサイズを小さくするため画像の圧縮率を上げると、それだけ画質が低下する。逆に圧縮率を下げると画質は良くなるがサイズが大きくなる。

消費電力と処理速度の関係
CPUなどの処理速度を上げようとすると消費電力が増大するが、消費電力を抑えると処理速度も低下する。ノートPCではバッテリー駆動時間にも影響する。

コストと品質の関係
システム開発などを依頼する場合、コストを抑えるとスキルの低いエンジニアが担当し品質が低下することが多く、品質を上げようとするとコストもそれだけかかる。

用語の使用例
「トレードオフの関係はシーソーに乗ってるみたいだね。」

関連用語
情報セキュリティ(3要素) ……P213

110

▶あくせしびりてぃ　　　　　　　　　　　　　　　　　　　　　　　Keyword 093

アクセシビリティ

どんな人でも使えることを意識する

多くの人が使えるように工夫されていることをアクセシビリティと言う。一般向けの製品では、利用者の年齢層は子どもから高齢者まで幅広く、性別の違いや障害の有無、情報機器の違いもある。そこで、目の不自由な人のために読み上げ機能を用意する、マウスが使えない環境のためにキーボードだけで操作できるようにする、などが該当する。

第3章　打合せ・ビジネス会話で使われるIT業界用語

用語に関連する話

デザイン面での審査
優れたデザインの製品に対して贈られる賞にグッドデザイン賞があり、美しさだけでなく使いやすさや安全性、環境負荷などを審査している。

Webサイトの設計での考慮
高齢者や障害者でも、Web上で提供されている情報に健常者と同じようにアクセスできることをWebアクセシビリティと言い、WCAGというガイドラインがある。

WebコンテンツJIS
WCAGと整合性を確保したJISの規格にJIS X 8341-3があり、WebコンテンツJISと言われている。行政機関のWebサイトなどでは遵守すべき基準となっている。

用語の使用例
「アクセシビリティに配慮した製品を開発しないと売れないよ。」

関連用語
ユニバーサルデザイン……P43　ユーザビリティ……P112　コントラスト……P132

111

Keyword 094

▶ゆーざびりてぃ

ユーザビリティ

使いやすさを第一に考える

使いやすさや使い勝手を意味する言葉にユーザビリティがあり、JIS Z8521では「ある製品が、指定された利用者によって、指定された利用の状況下で、指定された目的を達成するために用いられる際の、有効さ、効率及び利用者の満足度の度合い」と定義されている。ソフトウェアに限らず、提供する製品の使いやすさを考える必要がある。

用語に関連する話

有効さの尺度の例
有効さとは、利用者が指定された目標を達成する上での正確さ及び完全さを指し、達成された目標の割合や完了した利用者の割合、正確さなどで調べられる。

効率の尺度の例
効率とは、利用者が目標を達成する際に正確さと完全さに関連して費やした資源を指し、完了に要した時間や単位時間に完了した仕事、金銭的費用で調べられる。

満足度の尺度の例
満足度とは、不快さのないこと、及び製品使用に対しての肯定的な態度を指し、自主的に使用する頻度や不満を感じる頻度などで調べられる。

用語の使用例
「画面のデザインを変更したおかげでユーザビリティが向上したね。」

関連用語
(ユニバーサルデザイン) ……P43　(アクセシビリティ) ……P111

▶でふぉると   Keyword 095

デフォルト

多くの人がそのまま使っている

ソフトウェアで初期設定として用意されている一般的な設定値をデフォルトと言う。コンピュータはさまざまな使い方ができ、人によってその使い方が異なるため、多くのソフトウェアは設定を変更できるように作られている。新たに使うときにすべてを設定するのは大変なため、初期設定の値がそのまま使われることも多い。

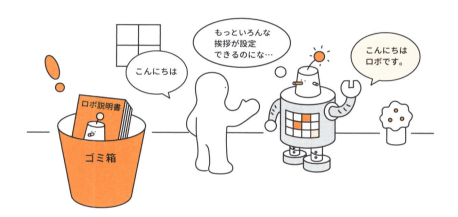

 用語に関連する話

初期値との違い
最初から設定されている値を初期値と言うのに対し、何も設定を変更しなかったときに使われる値をデフォルトと言う。まれに、異なる値になることもある。

カスタマイズするメリット
デフォルトの値をそのまま使うのではなくカスタマイズすることで、利用者に合った設定ができる。開発者側は、複数の製品を作るより開発工数を抑えられる。

セキュリティ上の問題点
製品の出荷時に設定されたIDやパスワードをデフォルトのまま使ってしまうと、同じ値や単純なルールで作られたものがあり、他の人に悪用される可能性がある。

用語の使用例
「このアプリはデフォルトの設定でも使いやすくて便利だね。」

関連用語
デファクトスタンダード……P99　プロパティ……P238

113

Keyword 096
▶しきいち

しきい値

判断する基準

与えられたデータを分類するときに使われる境界となる値をしきい値と言い、「閾値」と書くこともある。例えば、0か1のどちらかに分ける場合、0.3のデータなら0に、0.8のデータなら1にしようと考えると、判断の基準として0.5などの中間の値をしきい値として使う。監視サービスなどの場合、しきい値を超えるとアラートを出す場合もある。

用語に関連する話

データと合わせて判断する
しきい値は、実際に発生したデータを見て判断する必要がある。このため、日々観測したデータからしきい値を動的に変更することもある。

しきい値設定の難しさ
しきい値を超えた場合にアラートを出す場合、条件によっては大量のアラートが出て対応が大変になる一方で、アラートが出ないと監視の意味がない。

機械学習におけるしきい値
機械学習などを開発するときも、しきい値の設定は重要で、その値を変えることで結果が大きく変わる。このしきい値のチューニングが成否を握ることもある。

用語の使用例
「通信量でアラートを上げようと思うけど、しきい値はどうしよう?」

関連用語
(シミュレーション)……P116 (パケットフィルタリング)……P209

▶りぷれーす　　　　　　　　　　　　　　　　　　　Keyword 097

リプレース

新たなシステムに置き換える

古いシステムから新しいシステムに置き換えることをリプレースと言う。長く使っているシステムにおいて、サポートの終了や新製品の登場により新しいシステムに変更することを指す。ハードウェアだけでなく、ソフトウェアに対しても使うが、データの移行などが必要となるため、同じ製品でバージョンアップするよりもハードルが高くなる。

第3章　打合せ・ビジネス会話で使われるIT業界用語

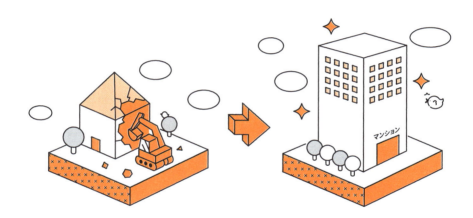

用語に関連する話

ロックインに注意
既存のシステムで使っている技術が特定のベンダーでしか使えないために、他のベンダーに乗り換えられないことをロックインと言う。

TCOを意識する
コンピュータの導入から維持管理にかかる費用などを、システムの総所有コストをTCOと言う。リプレースの頻度が増えるとTCOに影響する。

リプレースのタイミング
情報システムが開発された後、運用され、使われなくなるまでの流れをライフサイクルと言い、リプレースのタイミングにも影響を与える。

用語の使用例
「あのサーバーが古くなってきたからリプレースを検討しないとね。」

関連用語
レガシーマイグレーション ……P134

115

▶しみゅれーしょん　　　　　　　　　　　　　　　　　　　　　Keyword 098

シミュレーション

いくつかの条件で試す

新たなシステムを開発したり導入したりする前に、理論上問題ないか、その動作をいろいろなデータで試して検証することをシミュレーションと言う。実際にシステムを作ってしまうと費用がかかる場合も、手元で計算したりコンピュータのソフトウェアで試すだけであれば安価に検証でき、上手く動かないリスクを減らせる可能性がある。

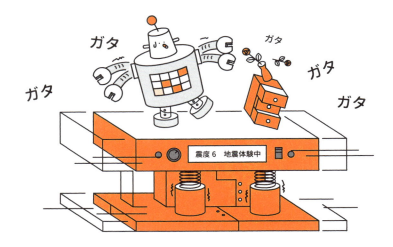

用語に関連する話

CG
実際のモノの見え方をコンピュータ内でモデル化し、シミュレーションした結果を画像や動画などで出力することをCGと言う。多くの場合、3次元の映像を指す。

動作を真似るエミュレータ
コンピュータなどの機械を真似て作った装置やソフトウェアをエミュレータと言い、本物と同じような動きをさせることをエミュレーションと言う。

訓練用のシミュレータ
検証用途だけでなく、初心者などの訓練に使われるものにシミュレータがあり、実地では困難な自動車や飛行機などの操縦訓練も安価に実施できる。

用語の使用例

「新製品でどれだけ効率化できるかシミュレーションしてみようよ。」

関連用語

しきい値……P114

116

▶ぷろとたいぷ　　　　　　　　　　　　　　　　　　Keyword 099

プロトタイプ

試しに作ってみる

新しい製品を作るとき、事前に画面のイメージなどをとりあえず作って雰囲気をつかむために作るものをプロトタイプと言う。いきなり量産してしまうと、問題が発覚したときに損失が大きくなるが、試作品を作ってみることで後戻りを防ぐ目的がある。実際に動作しなくても、見た目をチェックするために作られる。

用語に関連する話

認識のズレを防ぐ
早い段階でプロトタイプを作成して目に見える形にすることでイメージしやすくなり、関係者の間での認識のズレを防ぐことにつながる。

モックアップとの違い
外見だけそれっぽく作ったものをモックアップと言い、モックと呼ばれることもある。実際には動作しないが、見た目だけを作ったプロトタイプを指す。

パイロット開発との違い
多くの部署に新たな製品を導入するとき、いきなり全社導入すると大きなリスクがあるが、一部の部署から導入するパイロット開発によりリスクを抑えられる。

用語の使用例
「お客様と認識を合わせるためにプロトタイプを作ってみようよ。」

関連用語
ワイヤーフレームとデザインカンプ ……P164

▶いんたーふぇいす　　　　　　　　　　　　　　　　　　　　　　　　Keyword 100

インターフェイス

異なる機器を繋ぐ

人とコンピュータ、機器と機器の間を繋ぐ部分をインターフェイスと言う。キーボードやマウス、ネットワークのケーブルなど、コンピュータに接続する機器は決められた形で作られている必要がある。機器同士ではなく、人とコンピュータの場合は「ユーザーインターフェイス」と言う。

用語に関連する話

五感を使うインターフェイス
人間とコンピュータの間のインターフェイスを考えると、視覚や聴覚、触覚が主に使われているが、嗅覚や味覚などを使った方法も今後は求められるかもしれない。

インターフェイスの変化
複数の機器を接続する場合、これまでは機器ごとにインターフェイスが用意されていたが、最近ではUSBなどに統一される傾向がある。

ソフトウェアを繋ぐ
人間とハードウェア、ハードウェア同士を繋ぐだけでなく、ソフトウェア同士がデータをやり取りするインターフェイスとしてAPIなどがある。

用語の使用例
「インターフェイスが同じなら違う会社の製品でも使えるはずだよ。」

関連用語↴

シリアルとパラレル……P89　　アダプタとコンバータ……P93

▶ゆーあい ▶ゆーえっくす   Keyword 101

UIとUX

利用者の目線で考える

コンピュータにおける人間との接点をUIと言い、使いやすいデザインや操作性が求められている。昔はキーボードだけで操作するCUIが多く使われていたが、最近はアイコンなどをマウスで操作するGUIが多く使われている。利用者の目線で考えられたUIを使用することで、その製品やサービスから得られる体験をUXと呼ぶこともある。

用語に関連する話

キーボードで操作するCUI
キーボードからコマンドを入力して操作するUIをCUIと言う。直感的な操作はできないが、繰り返し行う操作を簡単なコマンドで実行できる。

マウスなどを使うGUI
アイコンやメニューなどを使ってわかりやすく表示して、マウスやタッチ操作によって指示を伝えるUIをGUIと言い、最近のPCやスマホで採用されている。

優れたUXを実現する補完機能
Webでの入力フォームなどにおいて、補完機能など入力を支援する機能は便利なUXを実現していると言える。

用語の使用例

「この製品のUIはよく考えられていて、UXの面でも満足だね。」

関連用語→

エンドユーザー……P108　インターフェイス……P118

Keyword 102
▶いんしでんと ▶しょうがい

インシデントと障害

トラブルに適切に対応する

コンピュータに故障が発生した場合など、使えない状況が発生すると影響が大きいため、利用者が使いたいときに使えないような状態をインシデントと呼び、管理する。このときに発生している問題を障害と言う。例えば、ハードディスクの故障などの障害が発生したことによって利用者が使えない状態になるとインシデントとなる。

📖 用語に関連する話

障害対応と報告
利用者にとっては障害の原因調査よりも使える状態に戻してもらうことのほうが先決であり、原因は後で報告してもらえば十分であることも多い。

災害に備えるBCP
地震などの予期しない事態が発生した場合も、最低限の事業継続が求められる。その対策や停止したシステムの目標復旧時間などの事前計画をBCPと言う。

セキュリティに関わる組織
企業などの組織で部署を横断してセキュリティに関わる業務を行う組織としてCSIRTが設置されており、障害原因の解析や影響範囲の特定などを行う。

用語の使用例
「ネットワーク障害が発生したら、インシデントとして報告してね。」

関連用語
内部統制……P42　システム監査とセキュリティ監査……P214

120

▶ちゃねる　　　　　　　　　　　　　　　　　　　　　　Keyword 103

チャネル

効果的に集客する

Webサイトなどを運営している場合、多くの人を集めるためにテレビやラジオ、実際の店舗などさまざまな媒体を使って宣伝する。この集客の媒体や経路のことをチャネルと言う。最近では「オムニチャネル」という言葉が使われるように、ネットも含めてあらゆる媒体を通して連携し、利用者にアプローチすることが求められている。

第3章　打合せ・ビジネス会話で使われるIT業界用語

用語に関連する話

マーケティングに必須のO2O
Webページからリアル店舗への来店を誘導する、リアル店舗で使えるクーポンをWeb上で提供するなどオンラインとオフラインを連携することをO2Oと言う。

ショールーミングへの対策
実店舗で商品を見て確認し、インターネット上で安い店を比較して購入することをショールーミングと言い、これを防ぐためにO2Oが役立つと言われる。

位置情報やSNSとの連携
複数のチャネルを持つだけでなく、店舗の近くにいる顧客にクーポンを配布したり、シェアした顧客に安価に提供するなどの工夫が求められる。

用語の使用例
「この商品にもっと注目して欲しいから新たなチャネルを開拓しよう。」

関連用語
オムニチャネル ……P133

121

▶ばずわーど　　　　　　　　　　　　　　　　　　　　　Keyword 104

バズワード

一時的に大流行する言葉

SNSなどで多く使われている言葉のことをバズワードと言い、IT業界における「流行語」だと言える。SNSなどで一時的に拡散されることを「バズる」と言うこともあり、たくさんの人が群れている様子を表した言葉として使われる。先進的な内容を指す言葉であることが多いが、その指すものが曖昧であり、定義がわからないことも多い。

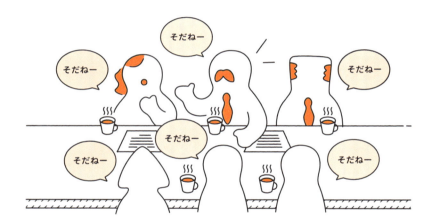

用語に関連する話

バズ・マーケティング
口コミ効果を利用したソーシャルメディアのマーケティング手法をバズ・マーケティングと言い、絞り込んだターゲットに対し影響力のある人がよく起用される。

これまでのバズワードの例
古くは「マルチメディア」や「ユビキタス」、「Web 2.0」、「クラウド」、「ビッグデータ」などが使われ、現在も一般的に使われているものも多い。

最近のバズワードの例
最近よく聞く言葉として「IoT」や「フィンテック」、「ブロックチェーン」、「RPA」なども広い意味で使われ、バズワードとして取り上げられることがある。

用語の使用例

「うちの社長はバズワードばかり使っていて、現実的じゃないんだよね。」

関連用語

(IoT)……P16　(ビッグデータ)……P17　(フィンテック)……P18

▶ゆーあーるえる ▶ゆーあーるあい　　　　　　　　　　　　　　　　　Keyword 105

URLとURI

インターネット上の文書の場所

Webサイトを閲覧するとき、Webブラウザのアドレス欄に入力するようなhttpやhttpsで始まるアドレスをURLと言い、Webサイトの場所を指定するために使われる。このように位置（Location）を表すURLに加え、名前（Name）を示すURNがあり、最近ではこれらを合わせたURIという呼び方が使われることが増えている。

用語に関連する話

URLにおけるスキーム名
URLはhttpやhttpsで始まることが多いが、これがスキーム名であり、他にftpやmailto、fileなどが多く使われる。この指定で適切なアプリを起動できる。

FQDNとの違い
URLのうち、www.shoeisha.co.jpのようにホスト名とドメイン名を繋げた部分をFQDNと言い、インターネット上でWebサーバーの場所を特定できる。

大文字と小文字の区別
URLのうち、FQDNの部分は大文字と小文字を区別しないが、ファイルパスの部分は大文字と小文字を区別する*ことが多いため、小文字の使用が推奨される。

用語の使用例
「あのWebサイトのURLは長すぎて覚えにくいんだよね。」

関連用語
HTTPとHTTPS ……P124

*Windows系のWebサーバーの場合は区別しない

▶えいちてぃーてぃーぴー ▶えいちてぃーてぃーぴーえす　　　　　Keyword 106

HTTPとHTTPS

コンテンツを転送する

Webサイトの閲覧に使われるプロトコルにHTTPがあり、名前の通りハイパーテキストを転送するプロトコルである。ハイパーテキストはHTMLで書かれた文書を指し、リンクのクリックにより、他のページに次々ジャンプできるようなしくみを持った文書を指す。HTTPに暗号化などのセキュリティ機能を追加したプロトコルにHTTPSがある。

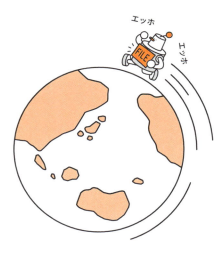

用語に関連する話

HTTPのステータスコード
Webサーバーにアクセスしたとき、要求されたWebページの内容を返すだけでなく、ステータスコードと言われる3桁の数字を返している。

ステータスコードの分類
100番台は情報、200番台は成功、300番台は移転、400番台はクライアント側のエラー、500番台はサーバー側のエラーを意味する。その値でブラウザの処理が変わる。

HTTPのメソッド
WebブラウザからWebサーバーへの要求の種類にメソッドがあり、ページ内容を取得するGETや、データを送信するPOSTなどがある。

用語の使用例
「HTTPを使ってたけど、セキュリティを重視してHTTPSに変えようか。」

関連用語
Cookie ……P159　SSL/TLS ……P206

▶あくせすぽいんと　　　　　　　　　　　　　　　　　　　Keyword 107

アクセスポイント

無線LANに接続する

無線LANの中継局をアクセスポイントと言う。アクセスポイントから先は有線のネットワークであることが多く、無線LANと有線LANを相互変換する装置だと言える。無線LANに接続するにはアクセスポイントからの電波が届く範囲に入る必要があり、「親機」と呼ばれることもある。最近は持ち運びが可能なモバイルルーターも登場している。

用語に関連する話

無線LANを識別するSSID
近くに複数のアクセスポイントがあり、それぞれ電波を出している中で、接続する無線LANを識別するために、名前を付けている。その名前をSSIDと言う。

複数のアクセスポイントの干渉
同じ周波数帯を使う複数のアクセスポイントが近くに多く存在すると、電波が干渉して処理速度が低下する場合がある。

設定が必須の暗号化方式
アクセスポイントに暗号化設定を行わないと、通信内容を盗み見られるなどのリスクがあるため、適切な暗号化方式を選び、設定することが必須である。

用語の使用例
「自宅のアクセスポイントは電波が弱くて速度が遅いんだよね。」

関連用語…↲
WEPとWPA……P207

第3章　打合せ・ビジネス会話で使われるIT業界用語

Keyword 108

スループットとトラフィック

通信の混雑状況を知る

コンピュータやネットワークが一定時間に処理できる処理能力のことをスループットと言う。特にネットワークで使われることが多く、単位時間あたりのデータ転送量を指す。また、ネットワーク上で行われている通信の量をトラフィックと言い、通信回線の利用状況を調査する目安になる。「トラヒック」と書かれることも多い。

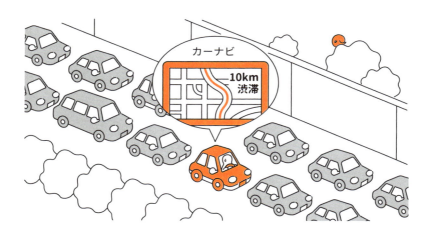

用語に関連する話

スループットの計算
1秒間に1MBを転送できる場合のスループットは「8Mbps」となる（1バイト=8ビットであるため、1メガバイトは8メガビットである）。

スループットの低下
ネットワークを流れる通信量が増えるとトラフィックが多くなり、データを送るのにかかる時間が長くなる。この状況をスループットが低下すると言う。

トラフィックの単位「アーラン」
トラフィックの密度を呼量と言い、単位時間あたりの回線の占有量を意味する。呼量を表す単位にアーランがあり、「erl」と表記する。提唱者の名前に由来している。

用語の使用例
「トラフィックが増えてきたからスループットが低下してるね。」

関連用語
ADSLと光ファイバー……P53　ISP……P198

▶ぷろきしさーばー　　　　　　　　　　　　　　　　　　　　　　　　Keyword 109

プロキシサーバー

通信の代理人

Webサイトなどへのアクセスを代理で行うサーバーをプロキシサーバーと言う。プロキシサーバーを使うと、複数のコンピュータが同じサイトにアクセスする場合、最初にアクセスしたときのデータを保存しておくと、次回以降は高速に表示できる。セキュリティ面で、アクセス元のコンピュータのIPアドレスなどの情報を隠す目的で使われることもある。

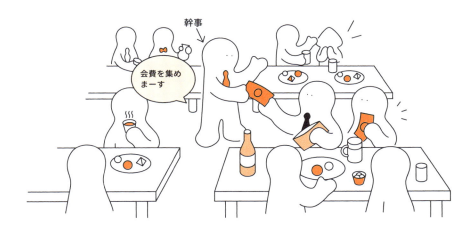

用語に関連する話

隠語での「串」
匿名掲示板などでは、Proxy（プロキシ）を略した隠語として串と書かれることが多く、プロキシサーバー経由でアクセスすることを「串を刺す」と言う。

監視目的での使用
プロキシサーバーを経由することで、社内のコンピュータから社外にアクセスするときに内容をチェックできるため監視目的でも使われる。

リバースプロキシの役割
プロキシサーバーがWebブラウザの代理なのに対し、Webサーバーの代理をするリバースプロキシがあり、セキュリティ面や負荷分散などの役割を果たす。

用語の使用例

「セキュリティを高めるためにプロキシサーバーを導入してください。」

関連用語

キャッシュ……P129　匿名性……P193

▶ほーむでぃれくとり ▶かれんとでぃれくとり　　　　　　　　　　　Keyword 110

ホームディレクトリと
カレントディレクトリ

階層を移動する基点

ログイン時に最初に表示されるディレクトリをホームディレクトリと言う。また、操作しているディレクトリをカレントディレクトリと言い、Windowsでは作業フォルダと呼ぶこともある。ファイルを扱う場合はディレクトリを移動するため、カレントディレクトリは変化する。

 用語に関連する話

複数の利用者でのホームディレクトリ
同じコンピュータに複数の利用者がログインする場合、アカウントごとにホームディレクトリが用意されている。

相対パスでの明示的な指定
相対パスを表すとき「.」を使うと、カレントディレクトリからの相対パスであることを明示的に指定でき、「./abc/def」のように指定される。

カレントディレクトリの表示
カレントディレクトリを取得・表示する場合、UNIX系のOSでは「pwd」というコマンドを、Windowsでは引数なしで「cd」というコマンドを実行する。

用語の使用例
「操作中のカレントディレクトリは私のホームディレクトリですよ。」

関連用語

(フォルダとディレクトリ)……P69　(絶対パスと相対パス)……P70

128

▶きゃっしゅ

Keyword 111

キャッシュ

一度使ったものは保存しておく

一度読み出した内容を高速な装置に一時的に保管する方法としてキャッシュがある。CPUに比べ、メモリは遅く、ハードディスクなどの補助記憶装置はさらに遅いため、同じデータを遅い装置から読み出す場合にキャッシュを使う。Webサイトの閲覧でも、一度閲覧したページをWebブラウザのキャッシュに保存することで、次回は高速に表示できる。

用語に関連する話

キャッシュメモリの効果
CPUとメモリの間にキャッシュメモリがあり、メモリから一度読み出したデータを次回は再利用することでCPUの処理効率を高められる。

DNSで使われるキャッシュ
ドメイン名からIPアドレスを求めるDNSでもキャッシュが使われ、一度問い合わせられたものを保持しておくことで高速に名前解決できる。

キャッシュ利用時の注意点
キャッシュを使うと高速に処理できる一方で、キャッシュが残っていると元のデータが更新されても反映されるのに時間がかかることに注意が必要。

用語の使用例

「キャッシュをクリアしないと最新の内容が表示されないんだよね。」

関連用語

ドメイン名とDNS……P57　プロキシサーバー……P127

Keyword 112
▶あーかいぶ

アーカイブ

古いデータは大切に保管する

古いデータを別の場所に保管することや、複数のファイルをまとめることをアーカイブと呼ぶ。よく使うデータは手元に置いておきたいが、古いデータはすぐに必要になるとは限らないため、削除ではなく別の場所に保管することで、ディスクなどの空き容量を増やす。また、複数のファイルをまとめる場合、圧縮と合わせて使われることが多い。

用語に関連する話

バックアップとの違い
バックアップがデータの消失などに備えるのに対し、アーカイブは長期的な保管に使う。つまり、バックアップは障害時が中心だが、アーカイブはいつでも使う。

圧縮・解凍ソフトを指すアーカイバ
アーカイブを作るときに使うソフトのことをアーカイバと言い、最近では圧縮や解凍(展開)を行うソフトを指すことが多い。

過去のWebサイトを見る
すでに消えてしまったWebサイトや、更新される前の過去のWebページの内容や履歴を確認できるサービスに Internet Archive* がある。

用語の使用例
「メールをアーカイブしておくと、最近のメールに集中できるね。」

関連用語
(可逆圧縮と非可逆圧縮)……P71

130 　　　　　　　*URL　https://archive.org

Keyword 113

キャプチャ

▶きゃぷちゃ

データを取り込む

出力されたデータを取り込むことをキャプチャと言う。画面上に表示された内容を画像として保存することを「スクリーンキャプチャ」「画面キャプチャ」「スクリーンショット」などと言い、ネットワーク上を流れている通信データを取り出すことを「パケットキャプチャ」と言う。映像を録画する場合、専用のキャプチャボードが使われることもある。

用語に関連する話

画面をキャプチャする方法
Windowsの場合、PrintScreenキーを押すと画面をキャプチャできる。また、範囲を指定できるSnipping Toolなど便利なソフトも多く存在する。

動画のキャプチャ
ゲームを楽しんでいる画面などを録画したい場合、Windows 10ではWindowsキー+Gで動画をキャプチャできる機能が追加された。

パケットキャプチャ
メールが送信できない、などの障害が発生した場合に、ネットワーク上のパケットをキャプチャすることで原因を調べられる可能性がある。

用語の使用例

「プレゼンの資料を作るために画面をキャプチャしておこうかな。」

関連用語

パケットフィルタリング……P209

第3章 打合せ・ビジネス会話で使われるIT業界用語

▶こんとらすと　　　　　　　　　　　　　　　　　　　　Keyword 114

コントラスト

明暗をはっきりさせる

複数のものを見比べたとき、その色の差が大きく見えることを「コントラストが高い」と言う。白い部分と黒い部分がある場合は明暗のコントラストが高い、自然の中でも青空と紅葉があればコントラストが高い、光と影の部分もコントラストが高い、というように対比する場合に使われる。コントラストが高いことは「メリハリがある」とも言える。

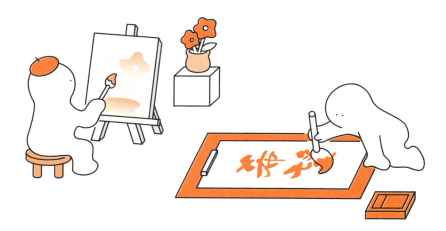

用語に関連する話

連続的な色の変化
色が少しずつ変わっていくことをグラデーションと言い、画像処理ソフトで作成する場合は線形や放射状に色を変化させる方法がよく使われる。

輝度との違い
輝度は明るさの単位で、数字が大きいほど画面が明るいことを意味するのに対し、コントラストは複数の色の間での明るさの比率や色の違いを表す。

ダークモードの広がり
最近のOSではダークモードと呼ばれる設定が可能になっており、コントラストを下げることで利用者の目が疲れにくい表示になると言われている。

用語の使用例

「画像のコントラストを調整して、デザインに溶け込むようにしてね。」

関連用語→

アクセシビリティ……P111　マテリアルデザインとフラットデザイン……P175

▶おむにちゃねる　　　　　　　　　　　　　　　　　　　　　　　　Keyword 115

オムニチャネル

複数の販売経路を考える

顧客との接点として、実店舗やチラシ広告、テレビCMなどに加え、オンラインでのSNSやメールマガジンなどあらゆる媒体が組み合わせて使われる。情報やサービスを提供するだけでなく、複数の販売経路を連携してスムーズに顧客が購入できるようにすることをオムニチャネルと言う。顧客の情報や在庫の管理、物流などを統合的に管理できる。

第3章　打合せ・ビジネス会話で使われるIT業界用語

用語に関連する話

マルチチャネルとの違い
マルチチャネルは複数の店舗などで顧客と接点を持つことで、オムニチャネルは店舗とネットなどあらゆる接点で同じ購買体験を得られるという違いがある。

クロスチャネルとの違い
クロスチャネルは店舗とネットなどを連携するが、システムは連携できておらず個別に運用されている。オムニチャネルでは連携できている。

クリック・アンド・モルタル
実店舗とECサイトを両方とも運営し、それぞれが連携して相乗効果を発揮するような小売業のビジネス手法をクリック・アンド・モルタルと言う。

用語の使用例
「ネット社会では、オムニチャネルがマーケティングには必須だね。」

関連用語
チャネル……P121　EC……P138

133

Keyword 116
▶れがしーまいぐれーしょん

レガシーマイグレーション

古いシステムを作り変える

メインフレームやオフコンと呼ばれる古いコンピュータで作られたシステムを、新しく作り変えること。特定のメーカーで作られたコンピュータでしか動作しないシステムの場合、その保守などに多額の費用がかかることから、オープンな規格で作られたシステムにすることで、自由度を高め、ライセンス料の削減などの効果を得る目的で行われる。

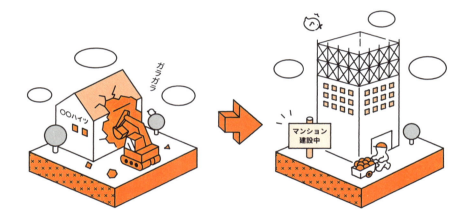

用語に関連する話

現代風に作り変える手法
古い情報システムを単純に置き換えるのではなく、最新の技術を使ってこれまで以上に使い勝手を良くすることをモダナイゼーションと言う。

リホストの内容
既存のプログラムを変更することなく、実行するハードウェアをオープン環境に移行することをリホストと言い、レガシーマイグレーションの一手法である。

リライトの内容
業務仕様を変えずにOSやデータベースを変更し、環境に合わせてソースコードを書き換える方式をリライトと言い、レガシーマイグレーションの一手法である。

用語の使用例

「レガシーマイグレーションにはお金がかかりすぎるんだよね。」

関連用語

(メインフレーム)……P45 (リプレース)……P115

▶あーるえふぴー　　　　　　　　　　　　　　　　　　　　　Keyword 117

RFP（提案依頼書）

システム開発の依頼に必須の文書

新たな情報システムを開発したり、業務を委託したりする際に、発注先の事業者に対して提案を求める文書を指す。導入したいシステムの概要や納期、その他の制約などが書かれており、発注先の事業者はその文書を基に具体的な提案を行う。その提案内容に基づき、発注先を選定するために使われる。

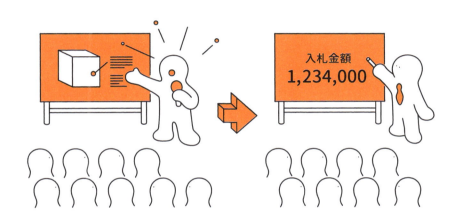

用語に関連する話

機能要件を明確にする
RFPでは、業務の流れや処理内容などのプロセスや扱うデータ、システム間のインターフェイスや画面、帳票などの機能要件を明確にすることが求められる。

非機能要件も検討する
RFPでは機能要件だけでなく、使用性や効率性、保守性などの品質やセキュリティなどの非機能要件についても検討し、明文化することが求められる。

RFPの提案内容の評価方法
複数のベンダーからの提案を受ける前に、事前に選定条件や評価項目を決めておくことが重要。機能や価格だけでなく、信頼性や体制、将来性など総合的に評価する。

用語の使用例
「まずRFPを見てみないと、金額も開発期間も見積もれないね。」

関連用語
システムインテグレーター ……P41

Column

蔓延する
カタカナ語

　打合せなどでよく使われる言葉にカタカナ語があります。日本語のほうがわかりやすいのに、あえてカタカナ語を使っているのです。例えば、以下の表のような言葉が挙げられます。

カタカナ語	日本語
アグリー	同意、合意、承諾
アサイン	割り当てる、任命する
アジェンダ	議題
アライアンス	提携、協力
イシュー	課題、問題
エビデンス	根拠、証拠
コンセンサス	合意
コンピテンシー	行動特性、姿勢や積極性
サスティナビリティ	持続可能性
ディシジョン	決定、判断
バジェット	予算
マター	担当、責任
レジュメ	要約、履歴書

　上記はITとは関係ありませんが、IT業界で英語を使うことが多いからなのか、このような言葉が使われる場面をよく目にします。社内ではよく使われていても、社外の人と話していると意図が正しく伝わらない場合がありますので注意が必要です。

ビジネスでの略語にも注意

　他にも「ASAP」で「できるだけ早く（As Soon As Possible）」、「FYI」で「参考まで（For Your Information）」、「TL;DR」で「要約・略語（Too Long, Didn't Read）」など略語を使った言葉がメールなどで使われることがありますが、乱用しないようにしましょう。

第4章

Webサイトの作成やSNSの運営で使われるIT用語

Keyword 118〜156

▶いーしー　　　　　　　　　　　　　　　　　　　　　　　Keyword 118

EC

インターネット上での取引

電子商取引のことで、商品やサービスをインターネットを通じて販売することを指す。オンラインショッピングとも言われ、取引用に作成されたサイトを「ECサイト」と言う。実店舗を用意する必要がなく、安価に出店できる一方で、集客方法が難しいというデメリットもある。また、画面上で見て購入するため、想定したものと違ったというトラブルもある。

用語に関連する話

自社ECサイトの特徴
自社でECサイトを持つと、集客や決済、配送などをすべて自社で用意する手間やコストがかかる。一方で、自由に宣伝などが可能でシステム利用料などは必要ない。

モール型ECサイトの特徴
モール型ECサイトに出店すると、事業者側で用意されたものを利用するため集客などの負担も軽減できる。一方で、システム利用料が必要となり自由度が小さい。

B2BとB2Cの市場
企業間の取引をB2Bと言い、稟議や決裁などが必要で時間がかかる。それに対し、企業と消費者との取引をB2Cと言い、購入にかかる時間が短いという特徴がある。

用語の使用例
「ECサイトでショッピングしたら自宅まで届けてくれて助かるね。」

関連用語
ロングテール……P26　チャネル……P121

138

▶あふぃりえいと   Keyword 119

アフィリエイト

Webサイトで広告収入を得る

Web サイトなどに広告のリンクを掲載し、そのリンクをクリックした件数や商品の購入数などに応じて広告会社がサイト運営者に広告料を支払うこと。ブログなどに投稿する際、アフィリエイトのリンクを埋め込むことで副業として収入を得ている主婦や会社員などが多いと言われている。ただ、相当なアクセス数が得られないとほとんど収入には繋がらない。

いろいろなところに広告を出しているなあ

用語に関連する話

仲介役のASP
アフィリエイトを行うには、広告主との直接契約ではなく、仲介役であるASPという事業者と契約することで、多くの広告主の広告を掲載できる。

広告主にとってのメリット
アフィリエイトで広告を出すことで、テレビCMなどよりも低予算で露出を増やすことができ、リスクも少なくスピーディに始められるというメリットがある。

報酬が支払われる種類
報酬が発生する種類として、商材の購入やサービスの申し込みに対して支払われる成果報酬型や、クリック数に応じて支払われるクリック課金型などがある。

用語の使用例
「ブログにアフィリエイトを埋め込んでお金を稼げないかな。」

関連用語
SEOとSEM ……P140　インプレッション ……P147　PV ……P148

第4章 Webサイトの作成やSNSの運営で使われるIT用語

▶えすいーおー ▶えすいーえむ　　　　　　　　　　　　　　　　　　　Keyword 120

SEOとSEM

検索結果の上位に表示する

SEOとは、自社のWebサイトへのアクセス数を増やすために、検索サイトにおける検索結果で上位に表示されるようにさまざまな工夫をすること。自社サイトへのリンク数を増やしたり、サイト内の文章にキーワードを多く埋め込んだり、といった手法が使われる。また、広告を掲載するなどの手法を含めて、SEMと言われることもある。

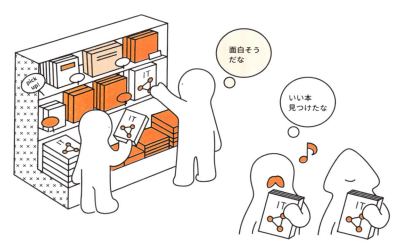

📖 用語に関連する話

被リンク数を増やす
自サイトへのリンクが設定されているページの数を「被リンク数」と言い、この数が多いページは信頼できると判断して上位に表示されることが多い。

アクセス数などを分析する
管理しているWebサイトにアクセスしてきたログを調査し、閲覧者のページ遷移や使っているPCの環境などを集計し、分析することをアクセス解析と言う。

Web上での広告の種類
検索結果に広告を表示するリスティング広告や、広告主のWebサイトを訪問した利用者の行動を追跡して広告を表示するリターゲティング広告などが使われる。

用語の使用例
💬「たくさんの人にアクセスしてもらいたいからSEOを頑張らないと。」

関連用語
（アフィリエイト）……P139　（インプレッション）……P147　（PV）……P148

▶きゅれーしょん　　　　　　　　　　　　　　　　　　　　　　　Keyword 121

キュレーション

特定のテーマに沿ってまとめる

インターネット上にある情報を収集し、特定のテーマに沿ってまとめて公開するサービスや、その手法のこと。インターネット上には情報がありすぎて、欲しい情報を見つけるのが困難になったことから、「まとめサイト」などの個人が整理したサイトなども使われている。AIを使って利用者が興味を持ちそうな記事を表示するアプリなども登場している。

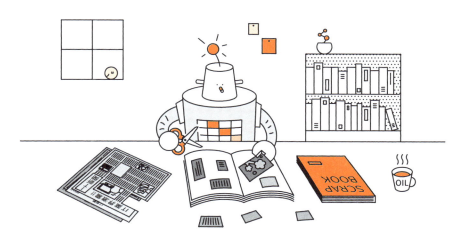

用語に関連する話

無断転載の問題
元のサイトから本文や画像などをコピーしてページの内容を構成しているキュレーションサイトがある。無断で転載している場合は著作権侵害の恐れがある。

記事の内容が信頼できるか
他のサイトの情報をまとめるだけでなく、安価なライターが書いた低品質の記事が多く、その内容が信頼できないとして問題になった。

アグリゲーションとの違い
複数のWebサイトから情報を集約したものをアグリゲーションと言う。ニュースアグリゲーションや、銀行口座のアカウントアグリゲーションなどがある。

用語の使用例

「検索結果にキュレーションサイトばかり出てきて困ったな。」

関連用語

HTML ……P157　　コンテンツ ……P167

第4章　Webサイトの作成やSNSの運営で使われるIT用語

141

▶そーしゃるめでぃあ ▶えすえぬえす

Keyword 122

ソーシャルメディアとSNS

相互に人や企業が繋がるサービス

誰もが情報を発信し、共有していくスタイルのメディアをソーシャルメディアと言い、そのコミュニケーションを促進するために作られたサービスとしてSNSがある。昔は情報を発信する人が限られていたが、ブログなどの登場で誰もが投稿して発信できるようになった。

用語に関連する話

プライバシーに注意
個人的な内容を投稿している場合、シェアされることで思わぬ人に拡散されてしまう可能性があることを念頭に置いて、書き込む内容に注意する必要がある。

位置情報の共有リスク
SNSではチェックインなどの機能があり、自分が訪問した場所などを共有できる。これによって、ストーカーなどの被害も発生しており、注意が必要である。

架空のアカウントに注意
SNSでは実在の人物を勝手に名乗って本人になりすまして投稿することも可能なため、本人であるか、公式であるかなどを確認する必要がある。

> **用語の使用例**
> 💬「ブログやSNSなどのソーシャルメディアが多すぎてよくわからない。」

関連用語
コンテンツ……P167　OGP……P173

▶しーえむえす　　　　　　　　　　　　　　　　　　　　　　　　　　　Keyword 123

CMS

Webサイトを簡単に更新できるしくみ

Webサイトを更新する際に、ブログのように情報を簡単に投稿できるしくみ。企業などのWebサイトを作成するとき、更新にかける手間を削減するために使われることが多く、テンプレートとなるレイアウトを決めておくことで、入力フォームから記事を投稿するだけで文章や画像を公開できる。

第4章　Webサイトの作成やSNSの運営で使われるIT用語

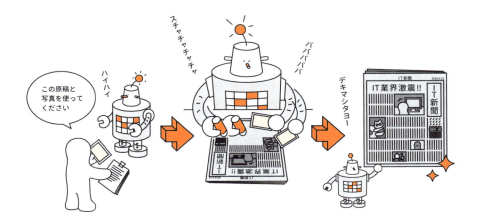

📖 用語に関連する話

多く使われるWordPress
オープンソースのCMSとして有名なものにWordPressがあり、ブログに似た操作性と豊富なデザイン、便利なプラグインで人気を集めている。

EC向けのEC-CUBE
ネットショップなどを作りたい場合には、決済や管理機能などを豊富に備えたオープンソースのCMSであるEC-CUBEがよく使われている。

静的サイトジェネレーター
CMSではデータベースやプログラミング言語の実行環境が必要なのに対し、手元でWebサイトを自動生成する静的サイトジェネレーターが注目を集めている。

用語の使用例

💬「CMSが使われるのはWebサイトの更新がそれだけ大変ということか。」

関連用語

（レンタルサーバー）……P155　（HTML）……P157　（コンテンツ）……P167

143

Keyword 124

▶えるぴー（らんでぃんぐぺーじ）

LP（ランディングページ）

訪問者が最初にアクセスするページ

検索結果などから Web サイトを訪問する人が最初に閲覧するページのこと。商品の購入やサービスの申し込みなどを受け付けるために作られた、1 ページの縦長のページを指すことが多く、スクロールするだけで必要な情報を得られる。購入や申し込みを前提としているため、他のページに離脱しないように外部のページへのリンクなどが少ない。

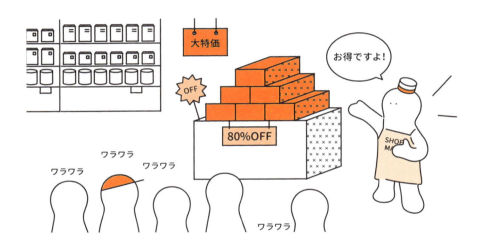

用語に関連する話

ペルソナの定義が重要
どのような顧客をターゲットとしてページを作成するのかを考えないと効果が薄くなるため、LP 制作時にはペルソナを定めることが重要である。

よく使われる「お客様の声」
商品の特徴や価格などをアピールするだけでなく、購入者や利用者の声を多く掲載することで、その商品や会社の信ぴょう性を高める手法がよく使われる。

短期的な集客に使われる
通常の Web ページは時間をかけて SEO によりアクセス数を増やすが、LP は広告などで短期的に集客するときに使われることが多い。

用語の使用例

「ランディングページをどれだけ工夫するかで売上が変わるよ。」

関連用語

ファーストビュー ……P146　HTML ……P157

▶しーぶい（こんばーじょん）

Keyword 125

CV（コンバージョン）

Webサイトにおける目標の達成

ECサイトでの商品購入やSNSでの会員登録、企業サイトでの問い合わせなど、利用者に取って欲しいアクションが実施されたこと。1000人がアクセスして10人が商品を購入すると、コンバージョン数は10となり「コンバージョン率」は1%となる。売上などに繋げるため、デザインの見直しや文言の追加などによって目標を達成するための工夫を行う。

用語に関連する話

コンバージョンの測定方法
コンバージョン数やコンバージョン率の測定には、Google Analyticsなどのタグをページ内に埋め込む方法が使われることが多く、自動的に集計される。

直帰率を調べる
サイトを訪問した利用者が最初のページだけを見て他に移動しなかったことを直帰、その割合を直帰率と言うが、この割合を下げることも重要である。

離脱率との違い
直帰率も含む概念として離脱率がある。同じサイト内で複数のページを閲覧して、そのページが最後になったことを離脱と言い、その割合を離脱率と言う。

用語の使用例
「デザインを変更する前後のコンバージョンを必ずチェックしてね。」

関連用語
KPIとKGI……P149　ABテスト……P150

第4章　Webサイトの作成やSNSの運営で使われるIT用語

145

Keyword 126

▶ふぁーすとびゅー

ファーストビュー

スクロールせずに表示される範囲

Webサイトを閲覧するときに、スクロールしなくても表示される部分のこと。アクセスしている端末によって画面の大きさや解像度が異なるため、PCとスマホなどを比較するとその表示範囲は異なる。この範囲にキャッチコピーや写真などを入れることでアクセスした人の興味を引くことが求められており、広告などの効果も大きいと言われている。

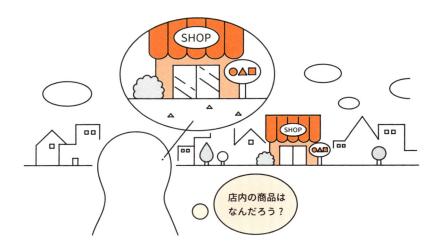

用語に関連する話

ヒートマップで計測する
利用者が操作しているマウスの位置やクリック場所、視線の移動などを調べるためにヒートマップという図で表現する方法がよく使われる。

視線はF字とZ字に動く
ページを読むとき、利用者の視線はアルファベットのFやZの字の形に動くと言われている。このため、重要な要素をこの位置に配置することが有効。

キービジュアルの選択
ロゴやキャッチコピーなど、Webサイトのメインとなる内容を意味し、これをファーストビューに使用することで効果的なインパクトを与えられる。

> 用語の使用例
> 「ファーストビューにどの画像を配置したら注目されるかな。」

関連用語

(LP) ……P144 (PV) ……P148 (ABテスト) ……P150 (パララックス) ……P174

Keyword 127

▶いんぷれっしょん

インプレッション

掲載している広告が見られた回数

Webサイトに掲示している広告が表示された回数のことをインプレッションと言う。広告を掲載しても誰もアクセスしていないサイトであれば意味がないため、広告主はアクセス数の多いサイトに広告を掲載したい。最近は広告を出す競争が激しくなり、アクセス数の多いサイトに広告を掲載した場合の単価も上がっている。

第4章 Webサイトの作成やSNSの運営で使われるIT用語

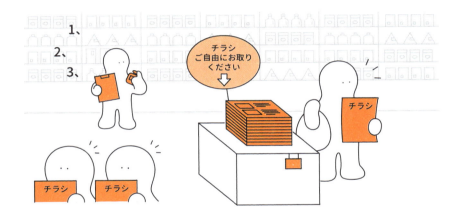

用語に関連する話

インプレッションを増やすために
ライバルが多い場合、広告予算を増やすことで、広告が表示される回数も増える。また、別のメディアに広告を出す方法もある。

クリック率が重要な指標
ネット広告は表示されるだけでなく、クリックしてもらう必要があり、どれだけの割合でクリックされたかを表す指標としてCTRがある。

間接的なクリック数
広告が表示されたときにクリックしなかった利用者が、後日思い出して検索するなど、別のルートでコンバージョンした数をビュースルーCVと言う。

用語の使用例
「インプレッションが増えてきたから単価の高い広告を出せるかも。」

関連用語
アフィリエイト……P139　PV……P148

147

▶ぴーぶい（ぺーじびゅー） Keyword 128

PV（ページビュー）

特定のページが開かれた回数

Webサイトにアクセスした回数を数える指標の1つ。同じサイト内に複数のページがあり、そのリンクを順にたどっていた場合は、それぞれのページでカウントされる。また、同じ人が複数回アクセスした場合もそれだけカウントされる。同一人物のアクセス数を省いてカウントするためには、多くの場合「ユニークユーザー」という指標が使われる。

用語に関連する話

セッション数との違い
サイトを訪問してから離脱するまで、ページを閲覧している時間を1つのセッションと数える。一定時間何も操作をしなかった場合などに初期化される。

ユーザー数との違い
一連の処理を1つと数えるセッション数と比較して、同じ利用者が時間を空けて訪問した場合も1つに数える方法としてユニークユーザー数がある。

注目されるコンテンツビュー
他社のメディアへのコンテンツ掲載が増え、そのコンテンツが閲覧された場所よりも、何がどのくらい閲覧されたかを見るコンテンツビューが注目されている。

用語の使用例
「今月のPVが先月からどれくらい増えたかチェックしておいてね。」

関連用語
アフィリエイト……P139　インプレッション……P147

▶けーぴーあい ▶けーじーあい Keyword 129

KPIとKGI

目標を達成するための評価指標

Webサイトを運営する場合などに使われる評価指標。KPIは「重要業績評価指標」と訳され、PVやコンバージョン率などで設定した数値目標のことを指し、目標達成率を上げるために使われる。また、KGIは「重要目標達成指標」と訳され、企業全体の目標設定を意味する。つまり、KGIの目標を実現するために、個々の業務でKPIの目標を定める。

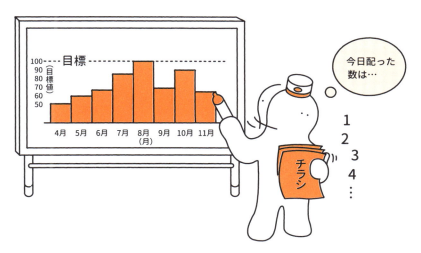

用語に関連する話

KPIで重要なSMART
KPI設定の指標に、明確性（Specific）、計量性（Measurable）、現実性（Achievable）、関連性（Relevant）、適時性（Time-bound）の頭文字を取ったSMARTがある。

事前に考えておきたいKSF
ある業界で共通する成功要因のうち、KGIを達成するための要因にKSFがあり、ブランド力や認知度を高めることなどが挙げられる。

IT系でよく使われるOKR
企業の目標設定・管理手法として、IT業界でよく使われる手法にOKRがあり、組織としてコミュニケーションを活性化するためにも使われる。

用語の使用例

「KGIを達成するためには中間的な指標のKPIを計測しないとね。」

関連用語

CV ……P145　ABテスト ……P150

Keyword 130
▶えーびーてすと

ABテスト

複数パターンを比較して評価

Webサイトのデザインなどの複数の案を実際に運用して試し、結果が良いほうを使う手法。AとBの2つの案があることから付けられた名前で、公開したWebサイトに対するアクセスを自動的にバランス良く振り分け、そのコンバージョン率などを比べる。利用者は複数のデザインがあることに気づかないが、管理者側はそれぞれの結果を見て判断できる。

用語に関連する話

ある程度の利用者数が必要
ABテストを実施するには、多くの利用者がそれぞれのページを閲覧する必要があるため、それなりの人数がアクセスしなければ評価できない。

修正は1か所ずつ比較する
ABテストで複数か所を同時に修正してしまうと、どの修正が効果があったのかわからなくなるため、1か所ずつ対応して結果を比べる必要がある。

組み合わせを調べる手法
複数か所の相互関係を見る場合、背景色や写真などさまざまな要素の組み合わせを用意し、その中でどの組み合わせが良いか実験する手法に多変量テストがある。

用語の使用例

「どっちがいいか悩むくらいならABテストで計測してみない?」

関連用語

CV ……P145　KPIとKGI ……P149

▶ぱんくずりすと ▶かいそう　　　　　　　　　　　　　　　Keyword 131

パンくずリストと階層

閲覧しているページの位置を把握

パンくずリストとは、現在閲覧しているWebページの位置がわからなくならないように、トップページからの位置を階層構造で示す方法。山の中を歩くときに、一度来た道にパンくずを落としながら進み、来た道がわからなくなることを防ぐことにたとえて使われている。また、ページの分類を階層と言い、階層化することで他のページへのリンクの意味もある。

第4章 Webサイトの作成やSNSの運営で使われるIT用語

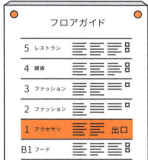

用語に関連する話

パンくずリストの例
利用者にわかりやすいパンくずリストとして、商品の分類に沿った階層構造があり、「お酒 > ワイン > 赤ワイン」のように徐々に細かくする方法が使われる。

構造化データの表記法
検索エンジンに階層を伝える場合、決められた書式の構造化データで表現する必要がある。その書式として JSON-LD や microdata の使用が推奨されている。

利用者に伝わる検索結果
検索結果などで利用者が判断できるように一部内容を表示したものをスニペットと言う。構造化データにタイトルや概要、階層を記載することで表示できる。

用語の使用例
「このWebサイトはパンくずリストがないから階層がわかりにくいね。」

関連用語
HTML ……P157　コンテンツ ……P167

151

▶れすぽんしぶでざいん　　　　　　　　　　　　　　　　　　　　　Keyword 132

レスポンシブデザイン

画面サイズに応じて自動的にレイアウトが変わる

PCとスマホのように異なる画面サイズでも読みやすいよう、自動的にレイアウトするしくみを持つデザインのこと。PC向けに作成されたページをそのままスマホで見ると文字が小さくて読みづらいが、自動的に見やすいレイアウトに切り替わる。Webサイトの運営者は1つのHTMLを作成するだけで、利用者の環境に応じて自動的にレイアウトを変えられる。

用語に関連する話

メディアクエリによる記述
画面サイズや機器の種類（画面やプリンタなど）によって適用するデザインを変えたい場合、メディアクエリという記述方法が使われる。

Viewportの指定が必須
小さな画面でも解像度が高い場合があるため、画面で小さく表示されないようにViewportという指定がレスポンシブデザインでは使われる。

CSSフレームワークの使用
デザインに詳しくない人でも、ある程度見た目が整ったサイトを簡単に制作できるレスポンシブデザインを導入できるCSSフレームワークが多く使われている。

用語の使用例

「新しいWebサイトを作るなら絶対にレスポンシブデザインだよね。」

関連用語⤵

(HTML) ……P157　(CSS) ……P158

Keyword 133

▶さむねいる

サムネイル

縮小した画像を一覧で表示する

元々の意味は「親指の爪」という意味で、親指の爪くらいの大きさで表示した画像のこと。例えば、多くの画像を表示するときファイル名の一覧だけでなく画像を縮小表示して一覧にすることで見つけやすくする。また、Webページなどで多くの画像を表示する場合は、小さい画像を表示することで転送量が少なくなり、高速に表示できる。

第4章 Webサイトの作成やSNSの運営で使われるIT用語

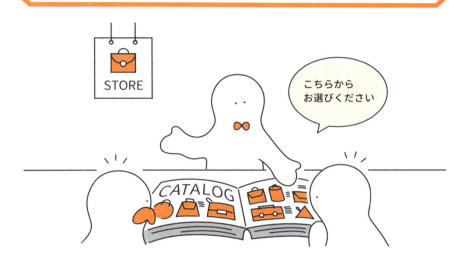

📖 **用語に関連する話**

アイキャッチとの違い
Webページ内で記事の途中に注意を引くための小さな画像を挿入することをアイキャッチと言うが、サムネイルはあくまでも縮小の意味で使う。

動画の場合のサムネイル
複数の動画を一覧表示したときにも、その中身が一目でわかるように、冒頭や特徴的な場面を切り取った1枚の画像が使われることが多い。

ディスクの消費に注意
サムネイルは小さな画像ではあるものの、その数が増えるとディスク容量を消費するため、不要な場合は削除したり、生成しないように設定すると良い。

用語の使用例

💬「保存した画像が多くなると、サムネイルがないと見つけにくいね。」

関連用語

(アイコンとピクトグラム) ……P77 (JPEGとPNG) ……P172

153

▶りだいれくと　　　　　　　　　　　　　　　　　　　　Keyword 134

リダイレクト

別のURLへ移動させる

Webサイトを移転した場合などに、元のURLにアクセスしてきた利用者を新しいURLに自動的に移動させること。ページ内にリンクを用意してクリックしてもらう方法もあるが、自動的にジャンプする方法を指す。その方法として、一旦ページの内容を表示してから数秒後にリダイレクトする場合と、ページを表示せずに直接リダイレクトする場合がある。

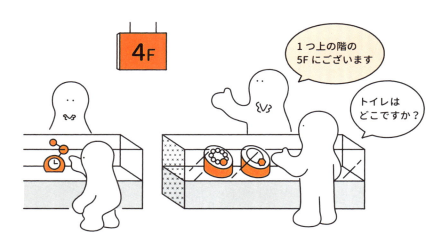

用語に関連する話

短縮URLでの使用
紙媒体にURLを記載するときなど、長いURLは使いにくいことから短縮URLが使われる。アクセスすると本来のURLにリダイレクトされる。

URLの正規化に使う
URLに「www」を書いても書かなくても同じ内容のページを表示する設定が可能。異なるURLを、1つのページに転送することをURLの正規化と言う。

無限リダイレクトに注意
ページAからページBにリダイレクトしたとき、ページBからもページAにリダイレクトしていると、無限にループし続けてしまうため注意が必要。

用語の使用例
「前のURLにアクセスしてもリダイレクトしてあると安心だね。」

関連用語
URLとURI ……P123　　HTTPとHTTPS ……P124

▶れんたるさーばー　　　　　　　　　　　　　　　　　　　　Keyword 135

レンタルサーバー

事業者が用意したサーバーを借りる

Webサイトを運営するときに、事業者が用意したサーバーを利用する方法。Webサイトを公開するために自社でサーバーを購入して設定し、ネットワークに接続する方法よりも、24時間体制で稼働させる場合は、Webサイトの運営に特化したサーバーを月額や年額で提供している事業者と契約することで、安価に利用できることが多い。

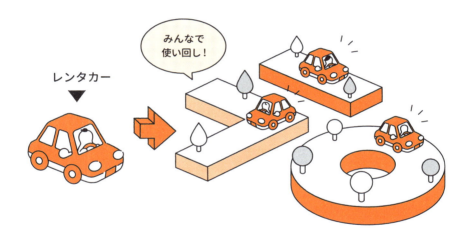

用語に関連する話

安価な共用サーバー
1つのサーバーを複数の契約者で使用する形態を共用サーバーと言い、安価だが自由度が低く、使用できる領域も小さい傾向がある。

自由度が高い専用サーバー
1つのサーバーを1人の契約者で占有する形態を専用サーバーと言い、高価だが自由度が高く、使用できる領域も大きい。サーバーの管理・運用は任せられる。

人気を集めるVPS
仮想サーバーを複数起動し、その1つの管理者権限を渡されて自分で管理するVPSは、設定を自分で行う必要があるが、専用サーバーより安価で人気を集めている。

用語の使用例

「サーバーを買うのが高いならレンタルサーバーを借りてみたら？」

関連用語

データセンター……P38　オンプレミスとクラウド……P67　プロキシサーバー……P127

▶うぇぶさいとまっぷ　　　　　　　　　　　　　　　　　　　　　　　Keyword 136

Webサイトマップ

Webサイトのページ構成を整理する

検索エンジンに向けてWebサイトのページ構成を整理したもの。検索エンジンは公開されているWebサイトの内容を巡回して取得するが、どのような頻度で更新されるのか、他にどんなファイルがあるのか、などを把握できない。そこで、効率良く収集してもらうために、ページ構成を書いたファイルをXML形式で作成しWebサーバー内に配置する。

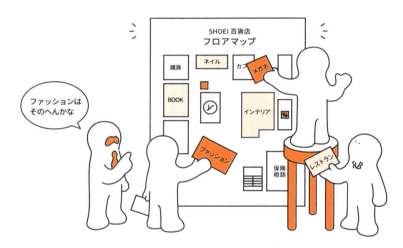

用語に関連する話

利用者向けのサイトマップ
Webサイトを閲覧していると、そのサイト内のページを一覧にしたサイトマップを掲載して、利用者が目的のページを探しやすくしている場合がある。

Webサイトマップの登録方法
サイトマップを検索エンジンに登録するには、各検索エンジンが提供するウェブマスターツールと呼ばれるサイトを使い、XMLファイルを送信する。

インデックス状況の確認
サイトマップを送信した後は、送信したページが検索エンジンに登録（インデックス）されているかウェブマスターツールで確認できることが多い。

用語の使用例

「Webサイトを公開するならWebサイトマップを作っておかないと。」

関連用語

（Web サイトと Web ページ）……P94

▶えいちてぃーえむえる　　　　　　　　　　　　　　　　　　　　　　　Keyword 137

HTML

Webページを作成するための言語

Webページを作成するために使われる言語。タグと呼ばれる文字で囲って構造を表現したテキスト形式で記述すると、Webページにリンクや画像を埋め込んだり、デザインを自由に変えたりできる。利用者はWebブラウザを使ってHTMLファイルを読み込むことで、作成者の指定通りに表示される。現在はHTML5というバージョンが多く使われている。

第4章　Webサイトの作成やSNSの運営で使われるIT用語

用語に関連する話

初心者向けの作成ツール
HTMLを手作業で書くのは面倒な初心者向けに作成ソフトが提供されており、ワープロソフトのような操作性で視覚的にWebページを作成できる。

Webブラウザによる違い
HTMLは標準化されているが、Webブラウザによって独自の表現が追加されていることもあり、同じページでも表示が異なることがある。

HTMLメールで見た目を整える
通常のメールはテキスト形式しか送信できないが、HTMLメール形式を使うと文字の色やサイズを変えたり画像を挿入できる。

用語の使用例
「テキスト形式でHTMLを書けばWebブラウザで表示できるんだね。」

関連用語
（WebサイトとWebページ）……P94

▶しーえすえす ▶すたいるしーと　　　　　　　　　　　　　　　　　　　　　　Keyword 138

CSS（スタイルシート）

Webページをデザインする

CSSは、Webページのデザインを変えるために使われる記述方法。Webページの内容はHTMLを使って作成するが、CSSはページのスタイルを決めるため「スタイルシート」と呼ばれる。同じHTMLの記述内容でも、CSSを書き換えるだけでデザインを大きく変えられ、見栄えと構造を分離するために別ファイルで用意する方法が多く使われている。

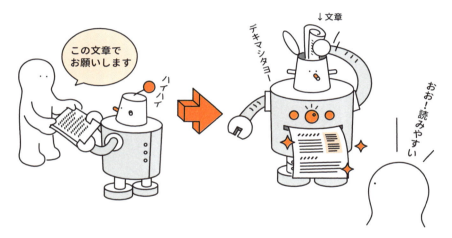

用語に関連する話

端末ごとに見た目を変える
CSSを使うことでデザインを指定できるだけでなく、PCやスマホ、プリンタなど利用者が使う端末によってスタイルを切り替えることができる。

対象を指定するセレクタ
HTMLの要素の一部に対して、スタイルを適用する対象を指定するために使われるのがセレクタで、要素名やID、クラス名などに対して見た目を指定できる。

よく使われるCSSハック
Webブラウザの仕様の違いによるデザインの差異を吸収するために、Webブラウザに存在するバグを使ってレイアウトを整える方法をCSSハックと言う。

用語の使用例
「CSSをHTMLと別ファイルで管理するとデザインだけ変更できるよ。」

関連用語
書体とフォント……P74　レスポンシブデザイン……P152

158

▶くっきー

Keyword 139

Cookie

Webサーバーとブラウザ間で状態を管理する

Webサイトにアクセスしたときに、利用者の情報をWebブラウザで一時的に保存するしくみ。同じ利用者によるアクセスをWebサーバー側で識別するために使われることが多い。Webサイトにアクセスしたときにwebサーバーから返す値で、Webブラウザが次回以降のアクセスでその値を送信することで、同じWebブラウザであることを識別できる。

第4章 Webサイトの作成やSNSの運営で使われるIT用語

用語に関連する話

ログイン状態の管理
WebアプリケーションでIDとパスワードを入力してログインしたとき、その利用者からのアクセスを識別するためにCookieが使われる。

有効期限がある
Cookieは発行時に有効期限が指定されている場合があり、有効期限を過ぎた後のアクセスではWebブラウザから送信されず削除される。

サードパーティクッキー
Cookieはドメインに対してひも付けられており、表示しているページのドメイン名と異なるものをサードパーティクッキーと言う。広告の配信などに使われる。

用語の使用例

「Webサイトで同じ利用者を管理するにはCookieを使うと便利だよ。」

関連用語

HTTPとHTTPS ……P124

▶みにまるでざいん　　　　　　　　　　　　　　　　　　　　　Keyword 140

ミニマルデザイン

必要最小限の機能に絞る

無駄をなくして最小限のデザインでシンプルに表現すること。Webのデザインなどに限らず、ソフトウェアの開発などでも、伝えたいメッセージや求められている機能だけに絞ることを指す。不要な情報がなく直接的でわかりやすいだけでなく、ファイルやデータ、システムの肥大化を防げる。

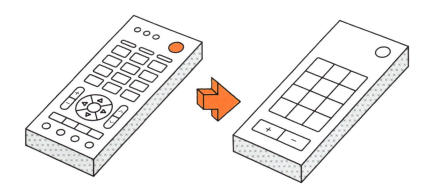

用語に関連する話

Less is more
ミニマルデザインでよく使われる言葉に「Less is more」があり、余計なものがない、無駄がないことが美しく効果的であることを意味する。

Less is bore
Less is moreを皮肉的に表現する言葉としてLess is boreがあり、シンプルすぎて退屈でわかりにくいことを指す。コンセプトがないとメリハリがなく見えてしまう。

マキシマリズムデザイン
ミニマルデザインの逆の発想で、色彩豊かで雑多なレイアウトのことをマキシマリズムデザインと言い、印象に残りやすいことを目指している。

用語の使用例
「機能を追加するときは、ミニマルデザインについても考えてよ。」

関連用語
CSS……P158　マテリアルデザインとフラットデザイン……P175

▶れいやー

Keyword 141

レイヤー

画像処理ソフトなどにおける重なり

PhotoshopやIllustratorなどでの画像処理で、複数の画像を重ね合わせるときに使用する階層のこと。透明のフィルムのような各階層の単位で移動や拡大・縮小などの処理が可能になるため、1つの画像でも複数のレイヤーに分けて処理することで、編集したい部分だけを簡単に処理できる。画像処理ソフトの多くで実装されている。

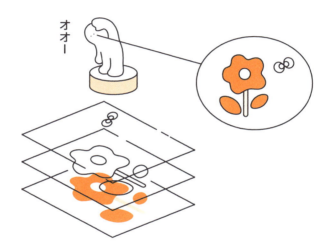

用語に関連する話

重なりの順序が重要
下のレイヤーに描かれている部分は上のレイヤーにある透明以外の部分で隠れてしまうため、複数のレイヤーを使う場合は重なりの順序が重要である。

操作中のレイヤーを意識
1枚の画像を処理しているつもりでも、修正するレイヤーを間違えると望んだ結果が得られないため、どのレイヤーを選択しているか常に確認する。

不透明度
多くの画像処理ソフトでは各レイヤーの不透明度を設定でき、100%（完全に不透明）から0%（完全に透明）まで変えることでさまざまな表現が可能。

用語の使用例
「写真を合成するならレイヤーを使うとちょっとした修正も簡単だよ。」

関連用語
JPEGとPNG……P172

第4章 Webサイトの作成やSNSの運営で使われるIT用語

Keyword 142

▶らすたらいず

ラスタライズ

画像をドットでの表現に変換

ベクター形式の画像をビットマップ形式に変換するような処理のこと。JPEG や PNG などの画像形式はビットマップ形式と言われ、画像をドットで表現しているため、斜めの線が含まれるような画像を拡大するとギザギザが現れ、ジャギーと呼ばれる。ベクター形式は点の座標とそれを結ぶ線などで構成されており、拡大してもジャギーが発生しない。

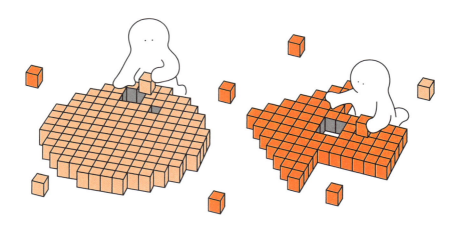

用語に関連する話

ドロップシャドウに注意
文字や図形を立体的に見せるためドロップシャドウを使う場合があるが、低い解像度でラスタライズするとジャギーが発生しやすい。

3Dの場合のラスタライズ
3Dグラフィックスの場合、多面体などの3次元の座標を2次元の平面に変換することをラスタライズと言い、画像化することを意味する。

レンダリングとの違い
Web ブラウザが HTML を基に Web ページを表示することや、3Dのデータに光源や質感を与えて表現することをレンダリングと言う。

用語の使用例

「ラスタライズするときは解像度に注意しないと粗くなっちゃうよ。」

関連用語

JPEG と PNG ……P172

▶すらいす

Keyword 143

スライス

画像を分割して保存

1枚の画像ファイルを分割して個々の画像を作成、保存すること。Webサイトのメニューなど、同じサイズの画像を複数作る場合に使われることが多い。画像処理ソフトの多くはスライス機能を搭載しており、まとめて作成した大きな画像から適切なサイズに分割して、連番のファイル名などで保存できる。

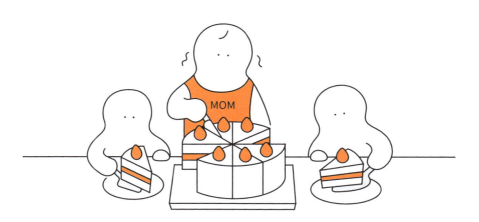

用語に関連する話

スライスの効果
ページ全体を1枚の画像で作ると、大きな画像では表示されるまでに時間がかかる。テキスト部分が画像のままだとSEO効果が望めないためスライスが有効。

CSSスプライトで高速化
Webサイトの画像を個々に用意してメニューなどを作るのではなく、大きな1枚の画像を部分表示して済ます方法をCSSスプライトと言い、転送データの削減効果がある。

画像の最適化
画像ファイルのサイズを小さくするには、JPEGやPNGなどの圧縮方式を使うだけでなく、クオリティを保ったままサイズを小さくする最適化を行う方法がある。

用語の使用例

「画像処理ソフトはスライスの機能がないとちょっと不便だね。」

関連用語

CSS ……P158　JPEGとPNG ……P172

第4章 Webサイトの作成やSNSの運営で使われるIT用語

▶わいやーふれーむ ▶でざいんかんぷ　　　　　　　　　　　　　　　　　Keyword　144

ワイヤーフレームと
デザインカンプ

デザイン制作前に作る見本

Webページをデザインする場合に使われる、全体のレイアウトの設計図をワイヤーフレームと言う。また、このワイヤーフレームにざっくりと画像や色を割り当てた見本をデザインカンプと言う。見本としてデザインカンプを作成し、レイアウトなどの雰囲気を確認する。

用語に関連する話

色や画像よりサイズ
ワイヤーフレームを作成する場合は、デザインの骨組みのみを考えるため、色や画像を用意するのではなく、サイズを決める枠だけを考えるようにする。

最初は手書きで十分
ワイヤーフレームを作成する場合、最初はノートなどに手書きで下書きし、ある程度配置が決まったら清書としてツールを使うことが多い。

デザイン料に注意
Webサイトのデザインを依頼した場合、ワイヤーフレームやデザインカンプを作成するだけでもデザインを行っていることになり、費用が発生する。

用語の使用例
「手書きのワイヤーフレームに色を付けてデザインカンプを作ったよ。」

関連用語
プロトタイプ……P117

▶からむ

Keyword 145

カラム

Webデザインにおける段組み

Webページの構成として、ページの左右にメニューなどを配置するように段組みしたレイアウトのこと。左右どちらかにメニューを配置し、残りに本文を配置するようなデザインを「2カラム」のレイアウト、左右両方にメニューなどを配置し、中央に本文が配置されているようなデザインを「3カラム」のレイアウトと言う。

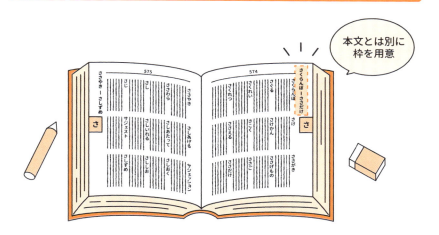

本文とは別に枠を用意

用語に関連する話

増えるシングルカラム
これまではメニューなどをカラムに分けることが一般的だったが、最近はモバイル端末に最適化するため、シングルカラムのレイアウトが増えている。

ハンバーガーボタン
メニューをカラムに分けず、スマホなどでタップするまでメニューを非表示にする「3本線のボタン」で表現したハンバーガーボタンが多く使われている。

グリッドレイアウトの登場
さまざまな画面サイズに対応するため、ページをカラムに分けるのではなく、縦横に格子状にブロックを配置して表現するグリッドレイアウトが増えている。

用語の使用例
「ブログを作るなら3カラムのレイアウトが一般的かな。」

関連用語
HTML ……P157　ヘッダ、サイドバー、メイン、フッタ……P166

第4章 Webサイトの作成やSNSの運営で使われるIT用語

▶へっだ ▶さいどばー ▶めいん ▶ふった　　　　　　　　　　　Keyword 146

ヘッダ、サイドバー、メイン、フッタ

Webページの構成要素

Webページの領域を分割したとき、画面上部をヘッダ、メニューなどを置く部分をサイドバー、本文を置く部分をメイン、画面下部をフッタと呼ぶ。多くの企業Webページではヘッダにサイトのタイトル、その下にメニューと本文、フッタに著作権表記などを配置している。

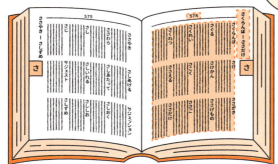

配置する場所には名前がある

用語に関連する話

ページの編集を効率化する
同じWebサイト内ではヘッダやフッタは同じ記載が多く、テンプレート化したり、プログラムで共通化する方法で編集を効率化する方法がよく使われる。

SNSボタンの配置
ページを閲覧した人に、そのURLや概要をシェアしてもらうために、SNSボタンを設置するWebサイトが増えており、フッタなどに配置されていることが多い。

ナビゲーション領域の配置
メニューなどはサイドバーだけでなく、画面上部に配置されることもあり、ナビゲーション領域と言われることもある。その配置によってデザインが大きく変わる。

用語の使用例
「ヘッダに画像を使うけどサイドバーとメイン、フッタは文章だけかな。」

関連用語

(CSS)……P158　(カラム)……P165

Keyword 147

コンテンツ

Webページの本文

Webページの本文に当たる部分に記載する内容のこと。直訳すれば「内容」や「中身」という意味で、デザインなどと区別される。文章だけでなく、画像や動画、音声なども含まれ、記事やインタビュー、プレスリリース、イベントレポートなどさまざまな種類がある。利用者が求めている情報を掲載することで、そのWebサイトの評価を高めることができる。

第4章 Webサイトの作成やSNSの運営で使われるIT用語

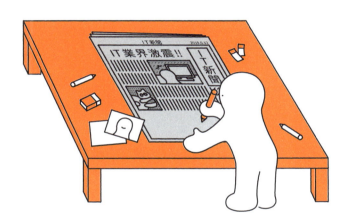

用語に関連する話

ソフトウェアとの違い
ソフトウェアが使うデータ部分をコンテンツと呼ぶことがあり、教育ソフトでの教材データ、地図ソフトでの地図情報、動画閲覧ソフトでの動画などが該当する。

法律と政府の施策
「コンテンツの創造、保護及び活用の促進に関する法律」(コンテンツ促進法)が2004年に成立し、クールジャパンなどの重要施策として挙げられている。

キラーコンテンツを作る
他と差別化できたり、他に大きな影響を与えたりできるようなコンテンツをキラーコンテンツと言い、これを作ることが集客や普及に繋がると言える。

用語の使用例

「デザインを工夫するのも大事だけど、コンテンツで差別化しないと。」

関連用語

CMS ……P143　HTML ……P157

▶まっしゅあっぷ　　　　　　　　　　　　　　　　　　　Keyword　148

マッシュアップ

複数の情報を組み合わせて新たなサービスを生成

複数のサービスを組み合わせて、新たなサービスとして提供すること。インターネット上では検索や天気、地図など多くのサービスが提供されているが、単独で使うのではなく、これらを組み合わせて提供できるとより便利に使える場合がある。例えば、地図や路線検索と天気を組み合わせ、ある場所に移動する人に天気情報を合わせて提供できる。

用語に関連する話

データを用意する必要がない
他の事業者などが提供するサービスを利用するため、事前にデータを用意する必要がなく、速やかに新たなサービスを立ち上げられる。

開発期間を短縮できる
一から開発するのは大変なサービスでも、他で提供されているものを組み合わせて使うことで、開発期間を短縮できるメリットがある。

サービス停止のリスク
一部の機能だけであっても提供元がサービスを止めてしまうと、そのサービスを使用しているものも停止してしまうため、契約内容が重要となる。

用語の使用例
「このサービスとあのサービスをマッシュアップしたら面白そう！」

関連用語
オープンデータ……P44

▶おーぷんそーす　　　　　　　　　　　　　　　　　　　　　　　Keyword 149

オープンソース

ソフトウェアのソースコードを公開

ソースコードを公開したソフトウェアのこと。一般的なソフトウェアは実行ファイルのみが配布されソースコードは公開されないが、オープンソースではソースコードを公開することで、開発に多くのプログラマが参加でき、より良いソフトウェアへの改善が期待できる。ただし、著作権は放棄されないため、ライセンスに従った利用が求められる。

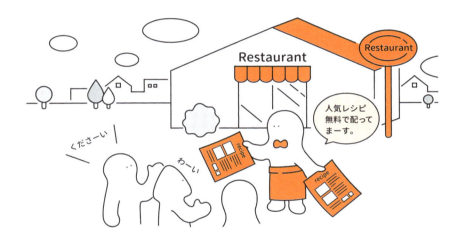

用語に関連する話

フリーウェアとの違い
フリーウェアはフリーソフトとも呼ばれ、無料で提供されオープンソースと同様に使用できるが、ソースコードは付属しないことが一般的である。

動作は保証されていない
オープンソースのライセンス体系の多くは、一定の条件で使用や複製、改変、再頒布を認めているが、基本的にどのライセンスでも無保証である。

コピーレフトの考え方
基のソフトウェアの著作権を保持したままで、改変した場合も、自由に利用や再配布、改変などが可能なことを保証する考え方をコピーレフトと言う。

用語の使用例
「あのサーバーはOSもミドルウェアもオープンソースで構築してるよ。」

関連用語
著作権とクリエイティブ・コモンズ……P78

第4章　Webサイトの作成やSNSの運営で使われるIT用語

▶すくれいぴんぐ　　　　　　　　　　　　　　　　　　　　　　　　　Keyword 150

スクレイピング

Webページから情報を抽出する

Webページに含まれるデータをプログラムを使って自動的に抽出すること。検索エンジンを作る場合や、本文の一部からデータを取り出したい場合など、Webページの HTML データからタグやメニューなどを除いて欲しい項目だけを抽出するために使われる。なお、Web サイトを自動的に巡回することを「クローリング」と言う。

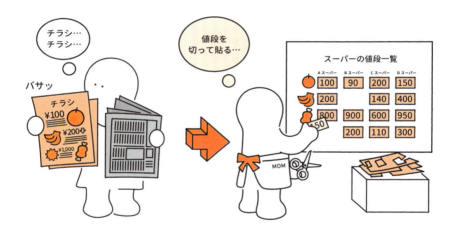

用語に関連する話

利用規約に注意
スクレイピングを短時間に繰り返し行うと、サーバーに負荷がかかる可能性があることから、サービスによっては利用規約で禁止していることがある。

HTMLを解析するパーサ
スクレイピングでHTMLから情報を抽出するには、その文書の構造をプログラムで自動的に解析する必要があり、そのためのツールとしてパーサがある。

プログラムでDOMを操作
HTMLなどの文書をプログラムから操作するときに使われる技術にDOMがあり、パーサで解析した内容から木構造を生成して、各要素にアクセスできる。

用語の使用例

「毎日同じサイトから情報を収集するならスクレイピングしたら？」

関連用語

(RPA) ……P15　(検索エンジンとクローラー) ……P88

▶えふてぃーぴー ▶えすしーぴー

Keyword 151

FTPとSCP

安全にファイルを送受信する

Webサイトを公開する場合など、手元のコンピュータで作成したファイルをサーバーなどとの間で送受信するために使われるプロトコル。昔からよく使われてきたプロトコルにFTPがあり、レンタルサーバーなど多くの事業者が対応していた。最近では、暗号化に対応した通信プロトコルであるSSHを使ってファイルを転送するSCPが多く使われている。

用語に関連する話

FTPSとSFTPの使用
FTPでは送信するユーザー名やパスワードが暗号化されないため、盗聴のリスクがあった。最近では暗号化通信に対応したFTPSやSFTPが使用されている。

匿名で使用できるFTP
ファイルをサーバー上に配置して不特定多数に配布・共有する場合など、誰でもFTPでファイルを転送できる方法にanonymous FTPがある。

SSH対応サーバーの増加
レンタルサーバーだけでなく、クラウドサービスやVPSなど、SSHが使える社外のサーバーが一般的になり、ファイル転送にSCPが使われる場面も増えている。

用語の使用例
「Webサイトを作ったらFTPかSCPでサーバーにアップロードしてね。」

関連用語
レンタルサーバー……P155　HTML……P157　SSL/TLS……P206

171

Keyword 152

JPEGとPNG

画像の圧縮技術

画像のファイルサイズを小さくする圧縮に使われるファイル形式。JPEGは写真などを圧縮するのに使われる圧縮形式で、元に戻すことはできない非可逆圧縮だが、見た目はあまり変わらずにファイルサイズを小さくできる。PNGはイラストやロゴなどで多く使われる可逆圧縮の形式で、Webで多く使われている。

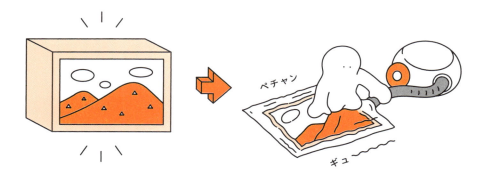

用語に関連する話

画像ファイルの容量
画像はピクセル単位に色情報が必要なため、横幅×縦幅×色のビット数で計算される。このため大きな画像は、ファイルサイズも大きくなる。

Webページの画像サイズ
ファイルサイズが大きい画像をWebページで公開すると、閲覧したとき画像の転送・表示に時間がかかるため、圧縮してサイズを小さくすることが求められる。

ディスクの容量を空ける
Webなどで公開しなくても、コンピュータに多くの画像を保存すると、ハードディスクなどを多く占有してしまうため、圧縮の効果は大きい。

用語の使用例

「同じ画像でもJPEGやPNGを使うとファイルサイズが小さくなるね。」

関連用語

可逆圧縮と非可逆圧縮……P71　解像度と画素、ピクセル……P81

▶おーじーぴー

Keyword 153

OGP

SNSでの表示を考えてWebページで行う設定

WebページをSNSでシェアするときに、そのページの概要を伝えるためのプロトコル。FacebookやTwitterなどでシェアするとき、URLを紹介するだけでなく、そのページのタイトルや説明文、サムネイル画像などを合わせて表示することで、利用者に対して魅力的な表現ができる。Webページを作成するときに、適切なOGPの設定は必須だと言える。

↓記事

OGP～ページを魅力的にシェアするSNS時代の必須設定～

用語に関連する話

OGPの設定方法
OGPは各ページのHTMLのヘッダ部分にmetaタグを使用して記述する。画像などを適切な場所に配置して公開するだけで設定できる。

SNSごとの違い
OGPには標準的な設定だけでなく、各SNSで独自の属性が用意されている。サムネイルの形式が違うため、最適な画像サイズなどが異なることがある。

OGPが更新されない場合
SNS側でOGPの内容を独自にキャッシュしている場合、シェアされた後にサイトの更新内容を反映するにはOGPキャッシュのクリアが必要な場合がある。

用語の使用例
「**OGPが設定されていないサイトだとシェアする気にならないね。**」

関連用語
URLとURI……P123　ソーシャルメディアとSNS……P142　HTML……P157

▶ぱららっくす　　　　　　　　　　　　　　　　　　　　　Keyword　154

パララックス

スクロール時の速度で立体的に見せる効果

視差効果のことで、Web ページをスクロールした際に背景と要素が表示される速度に差を付けることで立体的に見せること。動きのある Web ページに見えることで、利用者の注意を引きやすいという特徴がある。ただし、複数の Web ブラウザで正しく表示されることを確認するのが面倒、読み込みに時間がかかる、といったデメリットもある。

 用語に関連する話

カルーセルとの違い
パララックスが縦方向のスクロールで立体的な表現を見せるのに対し、カルーセルは横方向に画像などをスライドしながら順次表示する。

スクロールエフェクトの一種
画面をスクロールしたときにアニメーションなどの効果を表現することをスクロールエフェクトと言い、パララックスもその一種だと言える。

動画背景の増加
スクロール時の見栄えを考えるだけでなく、スクロールしなくても変化を付けることを考えて、背景に動画を埋め込んだサイトが増えている。

> **用語の使用例**
> 😀「パララックスはカッコイイけど作るのが大変なんだよね。」

関連用語↴

ファーストビュー ……P146

▶まてりあるでざいん ▶ふらっとでざいん

Keyword 155

マテリアルデザインとフラットデザイン

デザインのトレンド

光と影、奥行きなどを表現して、立体的な質感を出し、操作に反応する動きがあるように見せるデザインをマテリアルデザインと言う。一方、装飾をできるだけシンプルにして、平面的に見せるデザインをフラットデザインと言う。色や書体なども考慮する必要がある。

第4章 Webサイトの作成やSNSの運営で使われるIT用語

できるだけリアルに描こう

用語に関連する話

GoogleによるUXデザイン
マテリアルデザインはGoogle社によって提唱されたデザイン手法で、実世界での質感や操作と一貫性を持たせることで使いやすさを実現している。

マイクロインタラクションとは
マテリアルデザインでは見た目だけでなく、「利用者がボタンを押した」といった操作に対するフィードバックを表現するデザインも求められている。

メトロデザインのコンセプト
Microsoft社のModern UIなどWindows Phone 7やWindows 8などから採用されたUIはメトロデザインと呼ばれ、フラットデザインの一種であった。

用語の使用例

「マテリアルデザインとフラットデザインのどっちがいいんだろう?」

関連用語

CSS ……P158　ミニマルデザイン ……P160

175

▶しーでぃーえぬ Keyword 156

CDN

高速にWebサイトを配信するためのネットワーク

多くのサーバーを分散配置することで、Webサイトへのアクセスが集中しても問題ないように肩代わりするような構成のこと。大規模なサイトや大容量のファイルを配信するとサーバーに負荷がかかるが、CDNのサービスを利用することで、高負荷に備えた環境を安価に用意でき、利用者としても高速にWebサイトを表示できる。

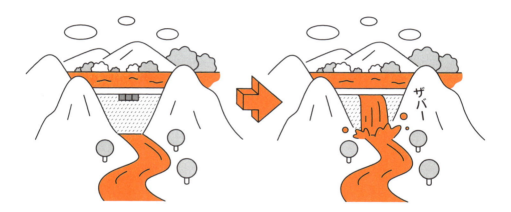

用語に関連する話

転送量制限を回避
レンタルサーバーなどを契約する際、転送量に制限があることが多いが、CDNを使うとサーバーの負荷だけでなく転送量の削減にも効果がある。

動的コンテンツの危険性
ログインが必要なWebサイトなど、動的コンテンツをCDNでキャッシュしてしまうと、他の利用者がログインした情報が他の人に閲覧される危険性がある。

Webフレームワークでの利用
jQueryやBootstrapなど、多くのJavaScriptライブラリやCSSフレームワークがCDNを利用して配信されており、キャッシュによる高速な読み込みが見込める。

用語の使用例

「画像をCDNに配置したら、Webサーバーの通信量が激減したよ。」

関連用語

(ストリーミング)……P36 (負荷分散)……P254

Column

21世紀の資源、「データ」を扱う用語を知ろう

　最近はブログや SNS などを使って誰でも情報発信することが容易になりました。これまでは身近にいる人に話すことしかできなかったものが、インターネットを通じて離れたところにいる人、見ず知らずの人に伝えることができます。

　情報発信の手段も多様化しており、個人でも発信できる方法として、以下のようなものが挙げられます。

- ブログや掲示板などへの投稿
- レンタルサーバーでのホームページの開設
- まとめサイト、キュレーションサービスへの投稿
- メルマガの配信
- Facebook、Twitter などの SNS への投稿
- Instagram などの写真投稿サービスへの投稿
- Podcast などの音声配信サービスでの配信
- YouTube などの動画配信サービスでの配信
- Slack や Discord などのチャットサービスでの投稿
- 同人誌の出版
- 勉強会の開催

技術がデータ収集と分析を容易にした

　そして、これまでは専門的なツールがないと難しかった音声配信や動画配信などが手軽にできるようになりました。スマホだけで音声や動画の録音・録画は可能ですし、配信するプラットフォームも整ってきています。それだけでなく、アウトプットに対するフィードバックも簡単に得られるようになったことが特徴です。これまでは、広告を配信しても、その効果を測定することは困難でした。しかし、インターネットを使うと、その行動を分析できます。

177

Column 21世紀の資源「データ」を扱う用語を知ろう

　例えば、ブログサービスにはアクセス数を解析する機能が付いていますし、レンタルサーバーの多くもアクセス解析ツールを備えています。最近では、Googleが無料で提供するGoogle Analyticsなどのアクセス解析サービスを使うことも当たり前になってきました。TwitterなどのSNSでは投稿がどれだけ多くの人に見られたか、どれだけクリックされたかなどを見ることも可能です。

インプレッション	6,977
エンゲージメント総数	286
メディアのエンゲージメント	187
プロフィールのクリック数	29
いいね	27
リンクのクリック数	18
リツイート	16
詳細のクリック数	9

　このように、誰もが簡単に情報を発信できるようになっただけでなく、データを集められるようになったことが最近の特徴でしょう。**19世紀の石炭、20世紀の石油と比較し、21世紀の資源はデータだと言われることがあります**が、データを集めるだけでなく、分析するためには、統計などの数学知識だけでなく、ITの知識が必須です。

　本文中に登場した「コンバージョン」や「インプレッション」、「ページビュー」以外にも、分析に使えるデータ項目が次々登場しますので、最新の用語を学ぶようにしてください。

第5章

サイバー攻撃と戦うための セキュリティ用語

Keyword 157〜192

▶はっかー ▶くらっかー　　　　　　　　　　　　　　　　　　　　　　Keyword 157

ハッカーとクラッカー

コンピュータやネットワークの知識や技術を持つ人

攻撃者のことをハッカーと言うことがある。ただ、一般的にはコンピュータやネットワークに詳しい知識を持つ人をハッカー、善良な目的のために技術を使う人をホワイトハッカーと言い、攻撃者はクラッカーと言うことも多い。他の攻撃者が作ったツールなどを使って攻撃を仕掛けるだけの人をスクリプトキディと言うこともある。

用語に関連する話

ギークとの違い
コンピュータなどに深い知識があるオタクのような人をギークと言うことがあるが、ハッカーやクラッカーよりも良い意味で使われることが多い。

一般化するライフハック
普段の生活をより良くするために工夫することをライフハックと言い、プログラマが使うような効果的な解決策（ノウハウ）のことを指す。

CTFなどのコンテスト
セキュリティに関する技術力を競う大会としてCTFが開催されることがあり、ハッカーコンテストやハッカー大会と呼ばれる。教育目的でも使われる。

用語の使用例

「最近はハッカーとクラッカーを区別して使うことも増えてきたね。」

関連用語

（脆弱性とセキュリティホール）……P196　（ゼロデイ攻撃）……P197

▶まるうぇあ ▶ういるす ▶わーむ　　　　　　　　　　　　　　　　　Keyword 158

マルウェアとウイルス、ワーム

他のプログラムに感染する

悪意のあるソフトウェアを総称してマルウェアと言う。マルウェアには、他のプログラムに寄生して動作するウイルスや、単独で自己増殖するワーム、正常なプログラムであるように偽装して自己増殖は行わないトロイの木馬、情報を盗み出すスパイウェアなどがある。

第5章 サイバー攻撃と戦うためのセキュリティ用語

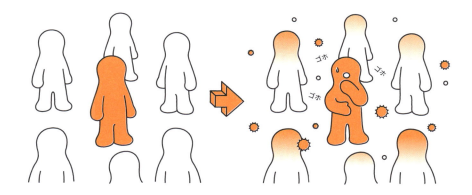

用語に関連する話

ウイルスを所持しているだけで罪？
ウイルス作成罪では正当な理由のないウイルスの作成や提供だけでなく、悪用する目的での取得や保管にも罰則がある。

マクロウイルスの存在
単独で動くウイルスだけでなく、WordやExcelのマクロ機能を悪用し、被害を及ぼす処理を実行するようなマクロウイルスも存在している。

検疫ネットワーク
社外からPCを持ち込む場合、ウイルスに感染していると社内に広がる可能性があるため、一時的に接続させて調べるネットワークに検疫ネットワークがある。

用語の使用例
「マルウェアやワームと言うよりウイルスのほうが伝わりやすいね。」

関連用語
パターンファイルとサンドボックス……P182

▶ぱたーんふぁいる ▶さんどぼっくす　　　　　　　　　　　　　　　　Keyword 159

パターンファイルと サンドボックス

ウイルス対策の必須技術

既存のウイルスの特徴をまとめたファイルをパターンファイルと言う。ウイルス対策ソフトはパターンファイルと見比べてウイルスを検知し、警告や削除を行う。ウイルスのように動くプログラムを見つけるためサンドボックスという仮想的な環境を用意しているソフトもある。

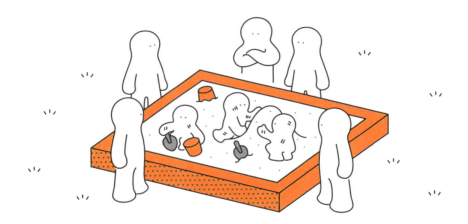

用語に関連する話

パターンファイルの更新
既知のウイルスの特徴を集めたパターンファイルは日々情報が追加されており、新しいウイルスに対応するにはこのファイルの更新が必須である。

振る舞い検知による発見
新種のウイルスを発見するために、実際にプログラムを実行してその動作を確認する「振る舞い検知」という機能が使われることが増えている。

インターネット上のおとり
パターンファイルを作成するためには、ウイルスを収集する必要があり、インターネット上にはハニーポットと呼ばれるおとりが設置されている。

用語の使用例

「パターンファイルの更新は必須だけど、サンドボックス機能も必要だ。」

関連用語

マルウェアとウイルス、ワーム ……P181

▶すぱむめーる　　　　　　　　　　　　　　　　　　Keyword　160

スパムメール

大量に送信される迷惑メール

受信者の意向を無視して送信されてくるメールを迷惑メールやスパムメールと言う。何らかの方法で収集したメールアドレスや、ランダムに作成したメールアドレスに対して一括で送信されることが多いと言われている。特定の企業を狙った攻撃では、慣れた人でも判断が難しく、ウイルスへの感染を目的にしたものもある。

第5章　サイバー攻撃と戦うためのセキュリティ用語

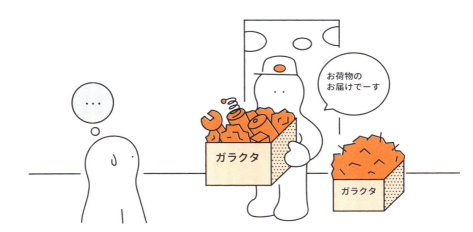

用語に関連する話

迷惑メールからの感染
メールに添付されたファイルを開いてウイルスに感染するだけでなく、メール本文に書かれたURLをクリックして、ウイルスに感染することもある。

大量のメールのメールボム
メールボックスの容量を使い切るほどの大量のメールを送信するスパムメールをメールボムと言い、ネットワークの混雑などの問題もある。

オプトインとオプトアウト
迷惑メール対策には、受信拒否を通知すると再送信を禁止するオプトアウト方式の他に、事前に同意を得た場合のみ送信できるオプトイン方式が採用されている。

用語の使用例

「メールアドレスを教えてないのになぜスパムメールが届くんだろう？」

関連用語

SMTPとPOP、IMAP ……P87

183

▶すぱいうぇあ ▶きーろがー　　　　　　　　　　　　　　　Keyword　161

スパイウェアとキーロガー

大切な情報を外部に送信する

IDやパスワード、コンピュータの中に保存されている写真などを勝手に外部に送信するソフトウェアをスパイウェアと言う。無料のゲームや便利なツールをインストールする際、セットでインストールされ、気づかないうちに導入されている可能性がある。また、利用者がコンピュータに入力したキー操作を監視・記録するソフトウェアをキーロガーと言う。

用語に関連する話

広告を表示するアドウェア
利用者の了解を得ることなく導入されるものをスパイウェアと言うだけでなく、外部に情報を送信せず広告を表示するだけのアドウェアも含まれることが多い。

ウイルスとの違い
マルウェアやウイルスとの違いとして、スパイウェアは感染活動を行わないことが挙げられ、1台のコンピュータに潜伏して情報の収集に特化している。

使用許諾契約書を読む
ソフトウェアの導入時に使用許諾契約書の同意を求められても読んでいない利用者が多く、これがスパイウェアなどを導入される背景にあるとも考えられる。

用語の使用例

「この前のソフトはもしかしてスパイウェアかキーロガーなのかな？」

関連用語

マルウェアとウイルス、ワーム……P181

▶らんさむうぇあ　　　　　　　　　　　　　　　　　　　　　　Keyword 162

ランサムウェア

身代金を要求するウイルス

コンピュータの中にあるファイルを勝手に暗号化したり、特定の制限をかけたりし、元に戻すためには金銭を支払うように要求するタイプのウイルスをランサムウェアと言い、日本語では「身代金ウイルス」と訳される。ただし、身代金を支払っても元に戻る保証はない。脆弱性を使用して侵入するものや、スパムメールでインストールさせるものなどがある。

脅迫状

お前の秘密を握っている。
公表されたくなければ
8,000万円用意しろ。
警察に言ってはいけない。
もし、通報した場合、

用語に関連する話

ビットコインでの支払い
送金の手数料を安価にできるだけでなく、匿名での取引が可能なことから低コスト・低リスクでの身代金の受け取りにビットコインが使われている。

バックアップが重要
身代金を支払わずにデータを元に戻すためには、バックアップを定期的に取得しておくことが重要で、それを使って元に戻すことが求められる。

ファイル復元ソフトの使用
バックアップが存在しない場合も、セキュリティベンダーが提供している復号ツールやOSが備える復元ソフトの使用で元に戻せる可能性もある。

用語の使用例

「リンクをクリックしただけでランサムウェアに感染しちゃったよ。」

関連用語

マルウェアとウイルス、ワーム ……P181

第5章　サイバー攻撃と戦うためのセキュリティ用語

185

▶ひょうてきがたこうげき　　　　　　　　　　　　　　　　Keyword 163

標的型攻撃

特定の組織を狙う攻撃

特定の組織を狙い、その組織でよく使われていると思われるメールのやり取りを行うことで信頼させる手口を標的型攻撃と言う。最近ではウイルス対策ソフトの精度が向上し、導入が当たり前の状況になったこともあり、ウイルス対策ソフトで検知できないような新たなウイルスが使われ、気づくのが難しいことが多い。

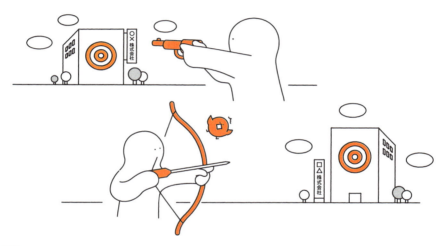

用語に関連する話

不信感を抱かせない手口
標的型攻撃では、送信者として実在する組織や個人名を詐称するなど、受信者が不信感を抱かないように巧妙な手口が用いられている。

中小企業でも狙われる
大規模な企業が標的になりそうだという印象があるが、中小企業を攻撃して踏み台とする場合もあるため企業の規模には関係なく対策が必要である。

防ぐのが難しいAPT攻撃
標的型攻撃は海外ではAPT攻撃とも呼ばれ、高度な攻撃が手法を変えて繰り返し行われることが特徴で、防ぐのは難しいとされている。

用語の使用例
「標的型攻撃のメールは文面も怪しくないから判断が難しいよね。」

関連用語
サイバー犯罪 ……P194　ゼロデイ攻撃 ……P197

186

▶どすこうげき Keyword 164

DoS攻撃

高負荷な状態を作り出す

一時的に大量の通信を発生させることにより、対象のネットワークを麻痺させてしまう攻撃をDoS攻撃やサービス拒否攻撃と言う。「いたずら電話がたくさんかかってきて、必要な電話に出られない状態」に似ている。DoS攻撃は1台のコンピュータからの攻撃だが、多数のコンピュータが1台のコンピュータに攻撃を行うことは特にDDoS攻撃と言う。

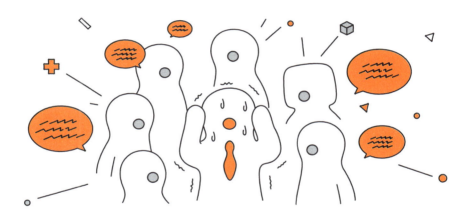

用語に関連する話

DoS攻撃の判断は難しい
システムによって普段の負荷は異なるため、正常な通信と同じ手法で負荷だけ高まった場合、どのレベルを攻撃と判断するのかは難しい。

安価な攻撃ツールの登場
DoS攻撃には多くのPCが必要だと思われるが、すでに乗っ取られたPCを操作できるツールも登場しており、簡単に攻撃できる状況が整いつつある。

WebブラウザでのF5攻撃
Webブラウザでページの再読み込みを行うときにF5キーを押すことから、何度もF5を押してサーバーに負荷をかけることをF5攻撃と言う。

用語の使用例

「サーバーがDoS攻撃を受けてダウンしちゃったけどどうしよう？」

関連用語

サイバー犯罪 …… P194　不正アクセス …… P195

第5章 サイバー攻撃と戦うためのセキュリティ用語

▶そうあたりこうげき ▶ぱすわーどりすとこうげき　　　　　　　　　　　Keyword 165

総当たり攻撃と
パスワードリスト攻撃

パスワードを狙う

ログインIDを固定して、パスワードを順に試す攻撃を総当たり攻撃（ブルートフォース攻撃）と言う。また、同じパスワードを使い回している人を狙い、何らかの形で攻撃者が得たログインIDとパスワードのリストで不正ログインを行う攻撃をパスワードリスト攻撃と言う。

用語に関連する話

総当たり攻撃の例
パスワードが4桁の数字であれば、0000、0001、0002、……というように順に試すと、正しいパスワードと一致した時点でログインできる。

総当たり攻撃の対策
同じIDでの連続ログイン試行を防ぐため、連続してログインに失敗した場合はそのアカウントをロックするなどの対策が用いられる。

パスワードを固定する攻撃
同じIDでのログイン失敗でロックされるのを防ぐ対策に対し、同じパスワードで異なるIDを順に試すリバースブルートフォース攻撃が用いられる場合がある。

用語の使用例
「総当たり攻撃とパスワードリスト攻撃だと対策が違うんだね。」

関連用語
二要素認証と二段階認証 ……P190

Keyword 166

ソーシャルエンジニアリング

人間の弱点を狙う

コンピュータやネットワークの技術を使わずに、IDやパスワードを物理的な手段で獲得する行為をソーシャルエンジニアリングと言う。人間の心理的な隙を狙った手法で、技術的な対策を実施するよりも、従業員に対する教育を徹底するなどの対策が求められる。

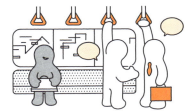

用語に関連する話

肩越しに覗き見する
パスワードを入力している場面で肩越しに覗き見する手法をショルダーハッキングと言い、周囲に人がいないことを確認する必要がある。

ゴミ箱を漁る
パスワードや設定情報などをゴミとして捨てた場合、清掃員になりすました人がゴミ箱を漁るようにして情報を盗み出す手法をトラッシングと言う。

電話でパスワードを聞き出す
管理者を装って従業員に電話を掛け、IDやパスワードを聞き出す手法などがあり、「緊急だから」と言われると答えてしまう利用者が多い。

用語の使用例

「ソーシャルエンジニアリングは昔からある手法だけど怖いね。」

関連用語

なりすまし……P192

▶にようそにんしょう ▶にだんかいにんしょう　　　　　　　　　　　　　　　　Keyword　167

二要素認証と二段階認証

パスワードが知られても不正にログインされない

IDとパスワードが入力されたときに、スマホなどに認証コードを通知し、それを追加で入力するような方法を二段階認証と言う。また、IDやパスワードなどの記憶情報、指紋や虹彩などの生体情報、IDカードなどの所持情報を2つ組み合わせる方法を二要素認証と言う。

用語に関連する話

生体情報の例
人間の身体的特徴や行動的特徴である生体情報を使った認証方法を生体認証と言い、指紋や静脈、顔、虹彩、筆跡などが多く使われている。

ワンタイムパスワード
IDとパスワードに加えて、一度限りの使い捨てのパスワードを使う方法をワンタイムパスワードと言い、フィッシング詐欺や不正利用の防止に使われる。

海外での使用に注意
スマホのSMSによる二段階認証を使用した場合、国内では問題なくても海外ではSMSを受け取れずに認証できない可能性があるため注意が必要。

用語の使用例
「二要素認証や二段階認証を使えばパスワードリスト攻撃でも安心だ。」

関連用語
総当たり攻撃とパスワードリスト攻撃 ……P188　認証と認可 ……P199

Keyword 168

シングルサインオン

認証情報を引き継ぐ

あるサービスでログインした認証情報を他のサービスでも使えるように事前に設定しておくことで、何度もログインしなくても済むようにする方法にシングルサインオンがある。サービスやアプリケーションごとにIDとパスワードを覚える必要がなく、いずれかのサービスでログインした情報を他でも使えるため認証の回数を減らせる。

用語に関連する話

シングルサインオンの欠点
一度認証すれば他のサービスでも使えるが、もし1か所のIDとパスワードが漏れると他のサービスにもログインされてしまう可能性がある。

多くのサービスで使われるOAuth
複数のWebサービスでアカウントを連携するとき、一部の情報へのアクセス権限を許可する方法としてOAuthが多く使われている。

標準規格のSAML
シングルサインオンで使われる認証情報などをXML形式の文書で交換するための書式やプロトコルを定めた標準規格としてSAMLがある。

用語の使用例

「最近はSNSの認証機能を使ったシングルサインオンが増えているね。」

関連用語

ソーシャルメディアとSNS……P142　認証と認可……P199

▶なりすまし　　　　　　　　　　　　　　　　　　　　　　　Keyword 169

なりすまし

他の利用者として活動する

他人のふりをして活動することをなりすましと言う。ブログやSNS、ショッピングサイトなどのサービスを利用しているとき、IDやパスワードが漏れてしまうと、本人以外でもサービスにログインできてしまう。インターネットバンキングでの不正送金や、ショッピングサイトでの購入などが発生すると、金銭的な被害も発生する。

用語に関連する話

フィッシング詐欺
ターゲットに対してメールなどの手段で本来のサイトに似せた偽サイトに誘導し、IDやパスワードを盗み出す手法にフィッシング詐欺がある。

SNSでのなりすまし
本人がアカウントを作成していないSNSでも、勝手に本人の名前を名乗ってアカウントを作成される場合があり、芸能人などの有名人に多い。

IPアドレスを偽装する
特定のIPアドレスからしか接続できないようなサービスに対して、IPアドレスを偽装して接続することで制限を迂回する方法をIPスプーフィングと言う。

用語の使用例
「なりすましを見破るにはどうしたらいいんだろう？」

関連用語
ソーシャルエンジニアリング……P189　匿名性……P193

▶とくめいせい

Keyword 170

匿名性

身元を隠して行動する

インターネットなどにおいて、投稿内容などにより本人が不利益を被らないように、投稿者などの身元を隠すことを匿名性と言う。多くの Web サイトは匿名で利用できるため、内容を見ても誰が投稿したものなのか判断できないことが一般的だが、接続しているプロバイダなどによって契約者の情報は特定できる。

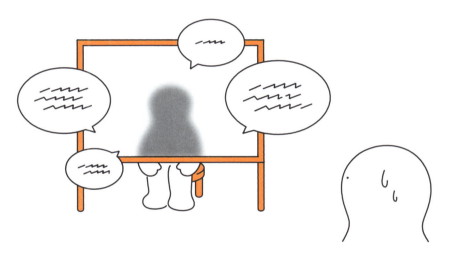

用語に関連する話

匿名による情報の信頼性
匿名のほうが実名よりも発言が活発になりやすいという特徴はあるが、その発言内容に責任を持たないことが多く、信頼性に欠ける場合もある。

接続経路を匿名化する Tor
閲覧した Web サイトの管理者に IP アドレスを隠す目的で、接続経路を匿名化する方法として Tor などがあるが、通信内容が秘匿化されているわけではない。

データ分析時の匿名化
企業が所有する顧客データなどから個人を特定できないように加工することを匿名化と言い、「k-匿名化」などの手法が用いられている。

用語の使用例

「インターネットでは匿名性が確保されているとは言えないね。」

関連用語

プロキシサーバー……P127　なりすまし……P192　サイバー犯罪……P194

▶さいばーはんざい Keyword 171

サイバー犯罪

年々増加するネットワーク上の犯罪

インターネットの中で行われる犯罪を総称してサイバー犯罪と言い、改ざんや不正送金、不正アクセスなどの高度な技術が必要な犯罪だけでなく、覚せい剤や薬物の販売や著作権法違反、ねずみ講などのコンピュータを使わなくても行える犯罪がオンラインで行われるものも含まれる。匿名性が高く、不特定多数に被害が及ぶという特徴がある。

用語に関連する話

サイバー犯罪に関する法律
政府の情報セキュリティ戦略の一環として、攻撃を受けたときの体制強化やセキュリティ人材の育成などがサイバーセキュリティ基本法で明文化されている。

遠隔操作マルウェア事件
2012年に発生した遠隔操作マルウェア事件では、マルウェアに感染したコンピュータに不正な指令を送って遠隔操作し、掲示板に犯行予告を投稿した。

多層防御の考え方
ウイルス対策やファイアウォールだけでは侵入や情報漏えいを完全には防げないため、複数の対策を組み合わせた多層防御が求められている。

用語の使用例
「サイバー犯罪は何が行われているか見えにくいのが特徴だね。」

関連用語
(標的型攻撃)……P186 (匿名性)……P193 (不正アクセス)……P195

▶ふせいあくせす　　　　　　　　　　　　　　　　　　　　Keyword 172

不正アクセス

ネットワークを通して攻撃する

インターネットやLANなどのネットワークを通じて他人のコンピュータなどに不正なアクセスを行った場合に処罰の対象となる攻撃に不正アクセスがある。なりすましのように、不正に入手した他人のIDやパスワードを使ってログインするような行為が該当し、被害が発生しなくても他人のID・パスワードを使って不正アクセスをした時点で犯罪である。

用語に関連する話

管理者に求められる義務
不正アクセス禁止法では、不正アクセス行為に対する罰則だけでなく、サーバーの管理者にも不正アクセスを防止する義務が努力義務として定められている。

ポートスキャンでチェック
ネットワークに接続している機器の各ポートのアクセス可否をチェックし情報収集する方法としてポートスキャンがあり、攻撃の戦略を立てるために使われる。

対象外の行為
不正アクセスはネットワーク経由での行為を指すため、コンピュータのキーボードを直接操作して無断で使用するような行為は該当しない。

用語の使用例
「脆弱性を見つけても勝手に攻撃すると不正アクセスになるよ。」

関連用語
サイバー犯罪 ……P194　　ファイアウォール ……P212

第5章　サイバー攻撃と戦うためのセキュリティ用語

Keyword 173

脆弱性とセキュリティホール

攻撃者が狙う不具合

情報セキュリティ上の欠陥があることを脆弱性と言い、ハードウェアやソフトウェアだけでなく人間や業務プロセスに対しても使われる。また、脆弱性の一部をセキュリティホールと言うこともある。脆弱性が存在しても通常の使い方では問題なく利用できる。

用語に関連する話

修正プログラムを適用する
脆弱性が発見されると、開発元によって問題を修正した修正プログラム（セキュリティパッチ）が提供されるため、これを速やかに適用する必要がある。

脆弱性への対応
ソフトウェアやWebサイトに脆弱性が存在することを発見した場合は、受付機関であるIPA（情報処理推進機構）に報告することが求められる。

2度目の攻撃を容易にする
攻撃者が侵入に成功した場合、次回以降の侵入を簡単にするためにバックドアと呼ばれるソフトウェアを攻撃者が導入する可能性がある。

用語の使用例

「セキュリティホールという言葉はソフトウェアの脆弱性に使われるね。」

関連用語

（ハッカーとクラッカー）……P180　（バグとデバッグ）……P232

▶ぜろでいこうげき　　　　　　　　　　　　　　　　　　　　　　　　Keyword 174

ゼロデイ攻撃

修正される前だけ成立する攻撃

脆弱性が発見されてから、修正プログラムが提供されるまでの間の攻撃をゼロデイ攻撃と言う。ソフトウェアの開発元は脆弱性がないように調査・対応しているが、すべてを発見することは困難であり、攻撃者によって先に見つけられるとゼロデイ攻撃が行われる。修正プログラムが提供される日を1日目と考えたとき、その前日以前を意味している。

用語に関連する話

公開前には脆弱性診断を
Webアプリケーションやソフトウェアを開発した場合、セキュリティ担当者によって脆弱性の有無をチェックする脆弱性診断を実施することが必須である。

脆弱性発見者への報奨金
ゼロデイ攻撃の可能性を低減するため、社外の専門家に脆弱性の発見を依頼し、発見者に報奨金を支払う制度を取り入れている企業が増えている。

脆弱性情報の収集
ゼロデイ攻撃を防ぐことは困難でも、どのような脆弱性が見つかっているのか情報を収集しておくことは重要で、JVNなどのポータルサイトを参照する。

用語の使用例
「ゼロデイ攻撃は防げないけど、常に最新の情報収集が必要だね。」

関連用語
ハッカーとクラッカー……P180　脆弱性とセキュリティホール……P196

第5章　サイバー攻撃と戦うためのセキュリティ用語

197

▶あいえすぴー（ぷろばいだ）　　　　　　　　　　　　　　　　　　　　　　Keyword 175

ISP（プロバイダ）

インターネット接続に必須の組織

インターネットに接続するサービスを提供する事業者のことを ISP やプロバイダと言う。インターネットを利用するためには、ISP 以外に回線事業者と契約する必要がある。多くのプロバイダは、接続サービスだけでなく電子メールアドレスの付与や、ホームページを開設できる Web サーバーの領域など会員向けにさまざまなサービスを提供している。

用語に関連する話

回線事業者との違い
回線事業者は光ファイバーやケーブルテレビなどの物理的な回線を提供しているのに対し、ISP は接続するためのサービスを提供している。

プロバイダ責任制限法
投稿を勝手に削除すると投稿者から訴えられる、逆に放置すると被害者から訴えられる、というリスクから ISP の責任を限定するプロバイダ責任制限法がある。

発信者情報の開示
掲示板などに不適切な投稿が行われた場合、警察などの求めがあれば、発信元の IP アドレスなどの情報を ISP が開示でき、個人を特定できる。

> **用語の使用例**
> 「同じ回線でもプロバイダを変えると通信速度が変わるんだね。」

関連用語…
（ローミング）……P34　（ベストエフォート）……P35　（インターネットとイントラネット）……P51

▶にんしょう ▶にんか

Keyword 176

認証と認可

本人確認に加えて必要な許可

特定の個人が許可された利用者であるかを識別する方法を認証と言い、判断する方法としてIDとパスワードが多く用いられる。また、認証された利用者に対してアクセス権の制御を行い、利用者に合わせた権限を提供することを認可と言う。付与される内容は書き換えが可能な権限だけでなく、参照だけが可能な権限などがある。

用語に関連する話

識別との違い
アクセスを制御する場合、「識別→認証→認可」の段階を経る。識別はそれぞれの利用者にIDを割り当てることを意味し、社員番号やメールアドレスなどが使われる。

普段のアクセスを判定
利用者のIPアドレスなどを使い、普段と異なる場所からアクセスされた場合に通知したり、追加でパスワードの入力を求める手法にリスクベース認証がある。

機械的なログインを防ぐ
コンピュータを悪用した機械的なログインや投稿を防ぐため、CAPTCHAという画像を使って人間による操作を認証する方式がよく使われる。

用語の使用例

「本人の認証が済んでいても認可されない場合があるんだね。」

関連用語

二要素認証と二段階認証 ……P190　アクセス権 ……P200

第5章　サイバー攻撃と戦うためのセキュリティ用語

199

▶あくせすけん　　　　　　　　　　　　　　　　　　　　　　Keyword 177

アクセス権

人によってアクセスできる範囲を決める

特定の人に限定して与えられる、ファイルやデータベースなどにアクセスできる権利をアクセス権と言う。利用者や部署に対して設定することが多く、必要最小限の権限だけを付与することを「最小特権の原則」と言う。普段は一般利用者の権限で業務を行い、管理者としての業務が必要な場合のみ一時的に権限を付与する、といった対応が考えられる。

用語に関連する話

強力な権限を指す「特権」
システムの停止や変更など、非常に強力な権限を「特権」や「管理者権限」と言う。悪用されると重大な問題が生じる恐れがあるため、必要時のみ使用する。

所有権との違い
所有権は名前の通り、そのファイルやフォルダを所有している権利で、通常は作成した人に与えられるのに対し、アクセス権は所有者以外が使う権利を指す。

パーミッションの設定
読み込み、書き込み、実行などのアクセス権をパーミッションと言い、UNIX系のOSではファイルやフォルダごとにユーザーやグループに対して設定できる。

用語の使用例

「人事異動で部署が変わったからアクセス権を付与してほしいな。」

関連用語

認証と認可……P199　システム監査とセキュリティ監査……P214

▶あんごうか ▶ふくごう　　　　　　　　　　　　　　　　　　　Keyword 178

暗号化と復号

盗聴されても中身がわからないようにする

誰でも読めるような普通の文章を平文と言い、他の人に見られて困る場合に使われる、通常は見ても意味のわからない文章を暗号文と言う。平文から暗号文を作成することを暗号化と言い、暗号文から平文に戻すことを復号と言う。通信相手にデータを渡すとき、途中の経路において盗聴されても中身がわからないようにするために暗号が使われる。

第5章　サイバー攻撃と戦うためのセキュリティ用語

用語に関連する話

第三者が暗号を読み解く
暗号を用いて通信をしている当事者以外の人が、推測した鍵で暗号文を復号して平文に戻したり、平文に戻すための鍵を探すことを解読と言う。

古典暗号の代表例
古くから用いられた古典暗号として、平文の文字に別の文字を割り当てる換字式暗号や、平文の文字を入れ替える転置式暗号などが知られている。

現代暗号の特徴
古典暗号では変換ルールがわかれば簡単に解読できるが、変換ルールが知られても鍵さえ知られなければ安全なものを現代暗号と言う。

用語の使用例
「ファイルが暗号化されているけど、どうやって復号できるの？」

関連用語
（ハイブリッド暗号）……P202　（電子署名）……P204　（証明書）……P205　（SSL/TLS）……P206

201

▶はいぶりっどあんごう　　　　　　　　　　　　　　　　Keyword 179

ハイブリッド暗号

共通鍵暗号と公開鍵暗号の組み合わせ

共通鍵暗号と公開鍵暗号のそれぞれの長所を生かし短所を補う方法に「ハイブリッド暗号」がある。実際に送受信する大きなデータの暗号化に共通鍵暗号を、共通鍵暗号で使う鍵のネットワーク経由での交換や認証用データのやり取りに公開鍵暗号を、送受信したデータの完全性の確認にハッシュを使っている。

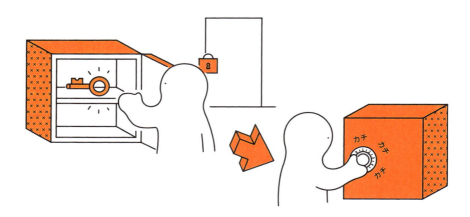

用語に関連する話

共通鍵暗号の特徴
共通鍵暗号は暗号化と復号に同じ1つの鍵を使う方法で高速に処理できるが、どうやって相手に鍵を渡すか、人数が増えると鍵の数も増えるという問題がある。

公開鍵暗号のメリット
公開鍵暗号は暗号化と復号で異なる鍵を使い、このペアを用意するだけなので通信相手が増えても用意する鍵が増えず、容易に鍵を相手に渡すこともできる。

公開鍵暗号のデメリット
公開鍵暗号は共通鍵暗号と比べ複雑な計算を行うため負荷が高く、大きなファイルの暗号化には向かない。また、認証局や証明書が必要になる。

用語の使用例

「ハイブリッド暗号は公開鍵暗号と共通鍵暗号のいいとこ取りだね。」

関連用語

(暗号化と復号) ……P201　(証明書) ……P205　(SSL/TLS) ……P206

202

▶はっしゅ   Keyword 180

ハッシュ

改ざんの検出に使われる

入力された値から計算して適当な値を返す関数のうち、「逆方向の計算が困難」「入力された値が少し変更されると得られる値が大きく変わる」「同じ入力からは同じ値が得られる」といった特徴を持つものをハッシュ関数と言い、得られる値をハッシュ値と言う。その特徴を活かして、ファイルの改ざんの検出やパスワードの保存などに使われる。

第5章 サイバー攻撃と戦うためのセキュリティ用語

用語に関連する話

改ざんを検出する方法
ファイルとそのハッシュ値を合わせて送信することで、受信者はファイルからハッシュ値を計算して一致することを確認し、改ざんの有無を確認できる。

パスワードの保存に使う
パスワードを保存する際、計算したハッシュ値だけを保存することで、漏えいした場合にも元の値の推測が困難である特徴を用いて安全性を確保する。

プログラミングでの使用
一部のプログラミング言語では、ハッシュと呼ばれるデータ構造があり、辞書のように見出しと本文をペアで保存する。連想配列とも呼ばれる。

用語の使用例
「ハッシュは元に戻せないから暗号とは違うんだね。」

関連用語
電子署名……P204　証明書……P205　デジタルフォレンジック……P211

▶でんししょめい　　　　　　　　　　　　　　　　　　　　　　　Keyword 181

電子署名

本人が作成したことを確認する

印鑑やサインのように、電子ファイルに対して「本人が作成した」もしくは「承認した」ことを証明するために使われる方法に「電子署名」がある。電子データでも印鑑を押した場合と同様に、他人によって書き換えられたり、勝手に作成されることがないことを証明するため、公開鍵暗号の手法を応用した方法が使われている。

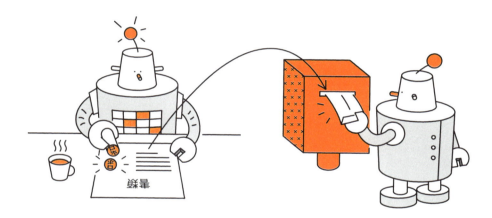

用語に関連する話

公開鍵暗号を用いた電子署名
公開鍵暗号の方式を用いて、秘密鍵で署名したデータを、署名者の公開鍵で復号し検証する方法をデジタル署名と言う。

否認を防止する
正しく復号できれば、暗号化された電子文書が署名者によって作成されたと証明されるため、署名者はその電子文書を作成したという事実を否認できなくなる。

ソフトウェアの電子署名
配布元を偽装してなりすましや改ざんが行われることを防ぐため、ソフトウェアにデジタル署名するコードサイニング証明書が使われている。

用語の使用例

「自分が作成した文書には電子署名を付けておけば安心だね。」

関連用語

ハッシュ……P203　証明書……P205

Keyword 182

証明書

第三者によるお墨付き

公開鍵暗号において、公開された鍵が正しい相手の鍵であることを保証するために、公開鍵を管理する認証機関によるお墨付きがある「証明書」が必要である。公開鍵と秘密鍵は誰でも作成できるため、信頼される機関の電子署名付きの証明書が発行されると、安心して取引できる。この認証機関を認証局（CA）と言う。

用語に関連する話

ブラウザのルート証明書
信頼できる認証局によって発行された証明書を検証する最上位の証明書をルート証明書と言い、Webブラウザのインストール時に自動的に導入されている。

オレオレ証明書の存在
公開鍵暗号による暗号通信を行うだけであれば、自分で証明書を発行する自己署名証明書を作成することも可能で、オレオレ証明書とも呼ばれる。

証明書の認証レベル
SSL/TLSで使われる証明書は、「ドメイン認証」「企業認証」「EV認証」という3つの認証レベルがあり、CAによる審査の内容が異なる。

用語の使用例
「公開鍵暗号の証明書は市役所での印鑑登録証明書みたいなものだね。」

関連用語
ハッシュ……P203　電子署名……P204

▶えすえすえる ▶てぃえるえす　　　　　　　　　　　　　　　　　　　　Keyword 183

SSL/TLS

通信を暗号化する

WebブラウザでWebサイトを閲覧する通信を暗号化するしくみとして、SSLやTLSが使われている。Webサイトでクレジットカード番号や個人情報を入力するときには、通信の暗号化の確認が当たり前になった。SSLやTLSに対応しているサイトでは、HTTPSというプロトコルが使われるため、URLが「https」で始まり、南京錠のアイコンが表示される。

用語に関連する話

サイトの実在性を証明
SSLやTLSでは通信の暗号化を実現するだけでなく、サーバーで使用されている証明書を見ることでサイトの運営組織の実在性を証明できる。

増える楕円曲線暗号
これまでは公開鍵暗号の手法としてRSA暗号が多く用いられていたが、鍵の長さを短くしても同レベルの安全性を確保できる楕円曲線暗号が使われだしている。

全ページをSSL化
従来はSSLの導入費用や応答速度の問題があり入力フォームのみSSLを導入していたが、最近は全ページをSSL化する常時SSLが普及している。

用語の使用例

「SSL/TLSを使えばインターネットでの盗聴にも安心だね。」

関連用語

HTTPとHTTPS……P124　暗号化と復号……P201　VPN……P208

▶うぇっぷ ▶だぶりゅーぴーえー　　　　　　　　　　　　　　　　　Keyword 184

WEPとWPA

無線LANの暗号化方式

無線LANを使うとき、通信の途中で内容を見られたり改ざんされたりするのを防ぐために暗号化が必要で、過去にはWEPと呼ばれる暗号化方式が多く使われていた。現在ではWEPを短時間で解読する方法が発見されているため、WPA方式またはWPA2方式による暗号化が推奨されている。

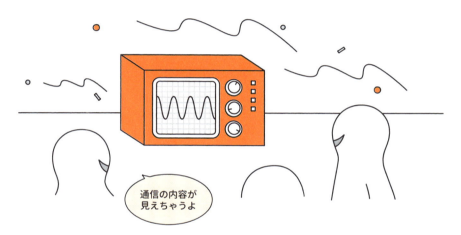

通信の内容が見えちゃうよ

 用語に関連する話

一般家庭で多く使われるPSK
WPAやWPA2で通信するとき、事前に鍵を共有するPSKという手法が多く使われ、WPA-PSKやWPA2-PSKと表記される。

偽のアクセスポイントに注意
正規のアクセスポイントと同じSSIDや暗号化キーを設定したアクセスポイントが攻撃者によって設置されていると、自動的に接続してしまう恐れがある。

無線LANの電波泥棒
家庭内の無線LANルーターで初期パスワードから変更していないなどの場合、他人がアクセスできる可能性があり、電波泥棒と呼ばれることもある。

用語の使用例

💬「自宅の無線LANの暗号化方式がWEPだったからWPA2に変えたよ。」

関連用語

アクセスポイント……P125　暗号化と復号……P201

第5章 サイバー攻撃と戦うためのセキュリティ用語

▶ぶいぴーえぬ　　　　　　　　　　　　　　　　　　Keyword 185

VPN

公衆無線LANでも安全な通信を実現

暗号化などの技術を用いて、仮想的に専用線のように安全な通信回線を実現する方法にVPNがある。VPNを使うと、外出先から社内にアクセスしたい場合など、遠隔地からインターネット経由で接続しても、安全な通信を実現できる。最近は公衆無線LANも多く提供されているが、通信内容の安全性に不安を持つ人が多いため、VPNが注目されている。

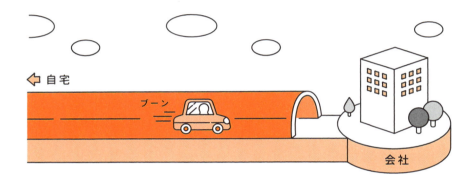

用語に関連する話

VPN利用の広がり
働き方改革やテレワークが注目されており、外出先や自宅から社内にアクセスする環境が求められていることからVPNの利用が広がっている。

外出先での利用に最適なSSL-VPN
SSLはWebブラウザなど多くのソフトで利用できるため専用ソフトのインストールが不要で、外出先での利用に向いている。

オフィス間の通信に最適なIP-VPN
企業の本社と支社などオフィス間で安全な通信を実現するような場合には、より高速で幅広い通信が可能なIP-VPNが向いている。

用語の使用例
「カフェや駅で公衆無線LANに接続するにはVPNは必須だよね。」

関連用語
テレワーク……P30　SSL/TLS……P206　シンクライアント……P215

Keyword 186
▶ぱけっとふぃるたりんぐ

パケットフィルタリング

通信経路上で内容を確認

送信元や宛先のIPアドレスやポート番号をチェックして、通信を制御する機能にパケットフィルタリングがある。社内にある特定のサーバーにだけ外部からの通信を許可する場合は、宛先がそのサーバーになっている通信だけを許可する。社内にある特定のコンピュータのみ外部と通信する場合は、送信元のアドレスをチェックして通信を許可する。

用語に関連する話

コンテンツフィルタリングとの違い
コンテンツフィルタリングはデータ内容を確認して制御するが、パケットフィルタリングはあくまでヘッダの内容のみで判断する。

検閲と通信の秘密
日本では日本国憲法（第21条）や電気通信事業法（第3条）において検閲が禁止されており、通信の秘密を侵してはならないことが示されている。

話題のサイトブロッキング
ISPにおける海賊版サイトへの通信をブロックするサイトブロッキングが、検閲や通信の秘密の侵害にあたるのではないかと話題になっている。

用語の使用例
「ファイアウォールでパケットフィルタリングの設定をしてみたよ。」

関連用語
しきい値……P114　キャプチャ……P131　ファイアウォール……P212

第5章　サイバー攻撃と戦うためのセキュリティ用語

209

Keyword 187

危殆化

暗号の安全性が脅かされる

コンピュータの性能向上や多数のコンピュータの使用で暗号の鍵を見つけられる恐れがあることを危殆化と言う。共通鍵暗号や公開鍵暗号は、鍵を知らない人が解読しようとすると莫大な数の鍵を調べる必要があり、解読に多くの時間が必要なことが安全の根拠である。大きな数の素因数分解を簡単に実行できる解法が発見される場合も同様である。

用語に関連する話

失効した証明書の管理
秘密鍵が漏えいした場合や暗号方式が危殆化した場合に証明書を使えなくすることを失効と言い、認証局によって証明書失効リスト（CRL）に登録される。

サーバー側で失効を確認
CRLに登録済みの失効情報が増えるとサイズが肥大化し、ダウンロードに時間がかかるため、証明書がCRLに掲載されているか問い合わせる方法にOCSPがある。

量子コンピュータの可能性
現在、量子力学に基づいたコンピュータが研究されており、その計算性能から素因数分解などを高速に解ける可能性が期待されている。

用語の使用例

💬「鍵の長さが短い暗号化方式はすでに危殆化してて使えないね。」

関連用語

暗号化と復号 ……P201

Keyword 188

デジタルフォレンジック

PCに残る記録を分析

機器に残るログだけでなく、保存されているデータなどを収集・分析し、原因究明を行うことをデジタルフォレンジックまたはフォレンジックと言う。コンピュータに関する犯罪や法的紛争が生じた際に行われることが多く、コンピュータやデジタルデータを扱うため、コンピュータフォレンジックと呼ばれることもある。

用語に関連する話

犯罪捜査に必要なログ
ログや残されたファイルを分析した結果から法的な証拠が認められることもあり、不正アクセスなどに関する犯罪の捜査で使われている。

専用のツールが必要
フォレンジックに役立つ専用ツールも登場しており、証拠能力を保持した分析レポートを作成できる。基本的な機能にデータの復旧や複製、解析などがある。

コンピュータの操作は不可
コンピュータは再起動するだけで一部のデータが書き換えられるため、フォレンジックを行う場合には該当のコンピュータを操作してはならない。

用語の使用例

「情報漏えいの恐れがあるのでデジタルフォレンジックで分析します。」

関連用語

ハッシュ ……P203

第5章 サイバー攻撃と戦うためのセキュリティ用語

▶ふぁいあうぉーる　　　　　　　　　　　　　　　　　　　Keyword 189

ファイアウォール

不正な通信を遮断する

インターネットと社内ネットワークの境界に設置して、社内ネットワークの門番の役割を担うネットワーク機器をファイアウォールと言う。通信データを監視し、あらかじめ決めたルールによって、データの転送を許可するかどうかを決めることで、外部からの通信を遮断するだけでなく、外部に向けての通信も遮断できる。

用語に関連する話

多様な製品の登場
通信の宛先として記述された情報だけで可否を判断する製品もあれば、通信内容の中身まで詳しく検査する製品もある。OSが簡易機能を備える場合もある。

緩衝地帯のDMZ
ネットワークを分割する際、インターネットと内部ネットワークの中間に位置する領域としてDMZがあり、緩衝地帯としての役割を果たす。

IDSとIPS
外部からの攻撃を検知する監視カメラのような役割を果たす機器にIDSがあり、不正な侵入を遮断する機能を備えた機器にIPSがある。

用語の使用例

「外部からの攻撃を防ぐにはファイアウォールの設定が必要だね。」

関連用語

不正アクセス……P195　パケットフィルタリング……P209

▶じょうほうせきゅりてぃ（3ようそ）　　　　　　　　　　　　　　　Keyword 190

情報セキュリティ（3要素）

セキュリティのCIA

情報の機密性（Confidentiality）、完全性（Integrity）及び可用性（Availability）を維持することを「情報セキュリティ」と言い、頭文字を取ってCIAと呼ぶ。この3要素をすべて維持しなければ情報セキュリティとして不十分であり、リスクが発生しやすい状況だと言えるため、3要素に基づいてチェックすることで漏れなく対策を実施できる。

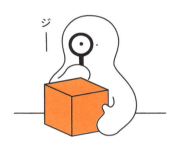

第5章　サイバー攻撃と戦うためのセキュリティ用語

 用語に関連する話

機密性とは？
アクセス権限を付与されたものだけに限定して閲覧、処理できるように適切に権限を付与し、暗号化などが施された状態を機密性が保たれていると言う。

完全性とは？
改ざんや破壊が行われておらず、内容が正しい状態にあることを完全性が保たれていると言い、不正に書き換えられたり情報が失われていないことを意味する。

可用性とは？
災害やシステムトラブル、サイバー攻撃などによって発生するシステムが使えない状態を減らし、復旧までの時間が短いことを可用性が高いと言う。

用語の使用例
「抜けや漏れを防ぐには情報セキュリティの3要素に沿って考えよう。」

関連用語
トレードオフ……P110　暗号化と復号……P201　電子署名……P204

213

Keyword 191

システム監査とセキュリティ監査

内部と外部の二重チェック

情報システムについて信頼性・安全性・効率性などを客観的に点検・評価することをシステム監査と言う。一方、情報システム以外の部分も含めて情報資産全体のセキュリティ対策やその運用状況を監査することをセキュリティ監査と言う。

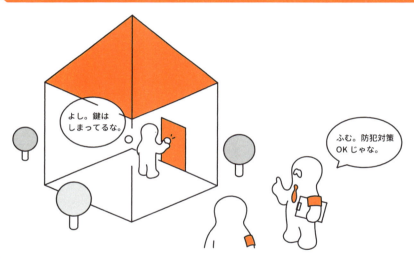

用語に関連する話

経済産業省による監査基準
監査によって第三者の視点でチェックする基準として、情報セキュリティ管理基準と情報セキュリティ監査基準が経済産業省によって策定されている。

改善に役立つ助言型監査
監査対象の組織における情報セキュリティ上の問題点やあるべき姿とのギャップを調べ、その内容に応じた改善提言を行う監査方法を助言型監査と言う。

太鼓判を押す保証型監査
監査対象の組織で情報セキュリティに関する管理状況が適切か否かを伝える監査方式を保証型監査と言う。セキュリティの信用獲得のためによく使われる。

用語の使用例

「システム監査とセキュリティ監査は役割が違うから両方必要だね。」

関連用語

内部統制……P42　インシデントと障害……P120

▶しんくらいあんと　　　　　　　　　　　　　　　　　　　　　　Keyword　192

シンクライアント

端末にデータを保存しない

サーバーに接続して画面の表示内容だけを転送し、キーボードやマウスの入力だけを送信するなど、データを内部に残さない端末をシンクライアントと言う。紛失や盗難から情報漏えいを防ぐために使われることが多く、最低限の機能だけを備えた端末で良いため安価に用意できる。ただし、ネットワークに接続していないとほとんど何もできない。

第5章 サイバー攻撃と戦うためのセキュリティ用語

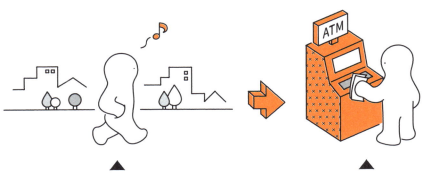

▲現金は持たずに　　　　　▲必要な時におろす

用語に関連する話

シンクライアントの一方式
通常は内蔵のハードディスクなどからOSを起動するが、ネットワークブート方式ではOSをサーバーからダウンロードして起動する。

回線速度が重要
シンクライアントはネットワーク経由で画面などの情報を転送するため、複数の利用者が同時に利用する場面を考えると、回線速度が重要になる。

データを守る考え方
守るべき情報にアクセス権限を付与するだけでは、正規の利用者による情報持ち出しを防げないため、重要な情報を監視するDLPが使われている。

用語の使用例
「シンクライアントだとネットワークがないと何もできないね。」

関連用語
テレワーク……P30　VPN……P208　ブレードPC……P224

215

Column

隠語を知る

　インターネットを使っていると、掲示板などで隠語（ネットスラング）が使われることは少なくありません。本文中で登場した「串」＝プロキシサーバーのように使われる技術用語や社名の隠語として、以下のようなものがあります。

隠語の例	意味
垢	アカウント
鯖	サーバー
うp	アップロード
自宅警備員	ニート、引きこもり
尻	シリアル番号
ROM	書き込みに参加しないこと
密林、尼	Amazon
林檎	Apple
窓	Windows
増田	Anonymous Diary（アノニマスダイヤリーの「マスダ」部分を取ったもので、匿名掲示板の投稿者のこと）
ようつべ	YouTube（ローマ字読み）
みかか	NTT（カナ入力したときのキーボードの配置）

　これらは仲間内だけで使われる言葉で、Webの掲示板などで使われます。その隠語を知らない人が見ると、何を言っているのかわからないでしょう。また、検索する場合も、欲しい情報にたどり着けないことが少なくありません。他にも多くの言葉が隠語として使われているため、**見たことがない言葉に出会ったら、すぐに調べておくようにしましょう。**

第6章

IT業界で活躍する人の基本用語

Keyword 193～230

▶ごだいそうち　　　　　　　　　　　　　　　　　　　　　　　Keyword 193

五大装置

どのコンピュータにも共通する装置や機能

小さい機器からサーバーまで、現代のコンピュータは5つの装置で構成されており、五大装置と言う。一般に「入力装置」「出力装置」「演算装置」「制御装置」「記憶装置」と言われ、これらの装置の間でデータや制御を受け渡すことで動作している。これらの構成要素を知ることでコンピュータの基本的な動作を理解できる。

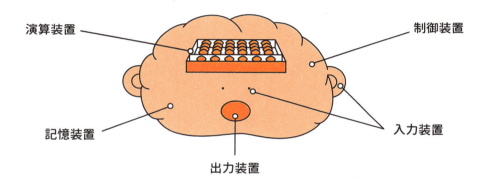

用語に関連する話

入力装置と出力装置の例
入力装置には、マウスやキーボード以外にもタッチパネルやマイクがある。出力装置にはディスプレイやスピーカー、プリンタに加えてバイブレーターなどがある。

主記憶装置と補助記憶装置
記憶装置には、CPUと直接やり取りできるメモリなどの主記憶装置に加え、ハードディスクやSSD、USBメモリなどの補助記憶装置がある。

演算装置と制御装置
コンピュータで計算を行ったり制御したりする「頭脳」に該当する装置に演算装置や制御装置があり、主にCPUやGPU、FPGAなどが該当する。

用語の使用例
「PCを構成する機器の役割は五大装置で考えるとわかりやすいね。」

関連用語
CPUとGPU ……P66　ストレージ ……P221

▶あいしー〈しゅうせきかいろ〉　　　Keyword 194

IC（集積回路）

小さな部品の組み合わせ

構成が決まっている部品を1つずつ組み合わせずに、1枚のチップとして作った電子回路をIC（集積回路）と言う。現代のコンピュータで使われている回路は、ほとんどICである。集積回路を使うことで、コストを削減できるだけでなく、サイズも小さくなり処理効率が上がることが期待できる。組み立てることによる故障を防げるというメリットもある。

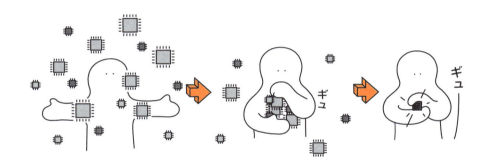

用語に関連する話

LSIとの違い
たくさんのICを高密度で詰め込んだものをLSI（大規模集積回路）と言う。最近のCPUなどはさらに密度が高いことからVLSIやULSIと呼ばれる。

普及するICカード
カードにICチップを埋め込んだICカードは、電車の改札などでの決済やクレジットカード、携帯電話のSIMカードなど幅広い分野で使われている。

IDカード
IDカードは身分証明書のことで社員証などを指す。最近はIDカードの中にICチップを入れることで大容量の記憶が可能で、セキュリティ面でも優れている。

用語の使用例
「こんなに小さなチップで高速に処理するってICはすごいね。」

関連用語
CPUとGPU ……P66

▶でばいす ▶でばいすどらいば　　　　　　　　　　　　　　　　　　　　　　　　Keyword 195

デバイスとデバイスドライバ

PCの周辺機器を操作

コンピュータに接続するマウスやディスプレイ、プリンタなどの周辺機器をデバイスと言う。周辺機器を接続・制御するために必要なPC側のソフトウェアをデバイスドライバと言う。名前の通り、運転手のような役割を担い、アプリケーションからの操作を可能にしている。

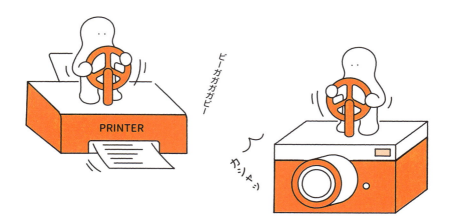

 用語に関連する話

プラグアンドプレイの登場
Windows 95以降では、プラグアンドプレイというしくみが導入され、デバイスを接続すると、デバイスドライバが自動インストールされることが一般的になった。

BIOSとの違い
BIOSはOSが動く前にハードウェアを制御するために使われるのに対し、デバイスドライバはOSが動いた後で使われる。BIOSの後継としてUEFIがある。

ファームウェアとの違い
ハードウェアを動かすためのソフトウェアとして、ファームウェアもあるが、ファームウェアは接続する周辺機器側のソフトウェアである。

用語の使用例
「デバイスを操作するにはデバイスドライバが必要なんだね。」

関連用語
(VGAとHDMI)……P72　(シリアルとパラレル)……P89

220

▶すとれーじ

Keyword 196

ストレージ

大容量が求められる記憶装置

データを長期間保存しておくために使われる記憶装置をストレージと言い、電源を切ってもデータが残る。ハードディスクや SSD、DVD、CD、USB メモリなど、手元のコンピュータに接続して使用するものだけでなく、インターネット上で利用者ごとに用意された領域を使用するオンラインストレージなどがある。

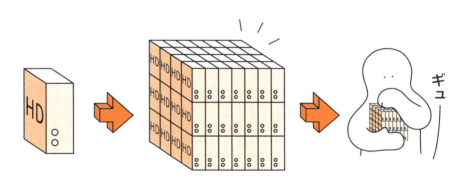

用語に関連する話

内部ストレージの種類
コンピュータの内部に保存する内部ストレージには、PCでのハードディスクやSSD、スマホでのフラッシュメモリ(半導体メモリ)などがある。

外部ストレージの種類
コンピュータの外部に接続して使う外部ストレージには、USBメモリやUSB接続のハードディスク、SDカードなどがある。持ち運びに使われることが多い。

RAMとROMの違い
書き換え可能なストレージをRAM、書き換えできないものをROMと言うが、最近ではスマホの内部ストレージをROMと書く場合がある。

用語の使用例
「ストレージにはいろいろあるけど、どう使い分ければいいんだろう?」

関連用語

アーカイブ ……P130　マウント ……P222

第6章 IT業界で活躍する人の基本用語

221

▶まうんと　　　　　　　　　　　　　　　　　　　　　Keyword　197

マウント

記憶装置を使える状態にする

USBメモリやCD、DVDなどの周辺機器をOSなどに認識させ、使える状態にすることをマウントと言い、逆に取り外すことをアンマウントと言う。外部の記憶装置をコンピュータに接続したとき、UNIX系のOSでは外部の記憶装置を接続しただけでは使えないことが多く、ディレクトリと同様に扱えるようにすることを指す。

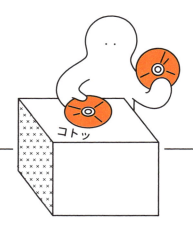

用語に関連する話

ISOファイルのマウント
CDやDVDなどの内容を1つのファイルにしたISOファイルをマウントすることで、CDやDVDのドライブのように扱う方法がよく使われる。

ラックマウントの使用
データセンターなどで専用の棚（ラック）にサーバーやストレージなどをはめ込んで使うことをラックマウントと言う。ラックの幅は規格で決められている。

アタッチとの違い
クラウドサービスなどの場合、あたかもそこに機器が存在するように、仮想マシン上に論理的にディスクを追加することをアタッチと呼ぶことがある。

用語の使用例
「記憶装置は繋ぐだけじゃなくマウントしないと使えないんだね。」

関連用語
インポートとエクスポート……P76　物理〇〇と論理〇〇……P90　ストレージ……P221

222

▶ゆーぴーえす（むていでんでんげんそうち）　　　　　　　　　　　　　　　　Keyword 198

UPS（無停電電源装置）

落雷などによる停電に対応

一時的な停電が発生した場合に、一定時間電力を供給し、サーバーなどを安全に停止するために使われる装置を無停電電源装置、略してUPSと言う。数分〜30分程度の短時間だけ電力を供給するものが多く、あくまでも一時的な停電に備える装置である。地震などの災害で長時間停電が発生する場合には、発電機などを別途用意する必要がある。

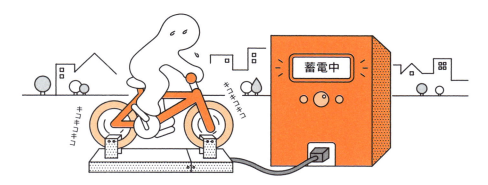

用語に関連する話

ビルに増える自家発電
災害が発生したときに停電が長引いて業務が止まることを防ぐため、一部のビルでは自家発電装置を導入している。停電が発生しても2〜3日間まかなえる。

雷サージ防止機能
落雷による停電で発生する瞬間的な過電圧を防ぐための機能を備えたUPSもある。備わっていない場合は別途雷サージ防止装置を導入する必要がある。

耐用年数に注意
UPSの耐用年数は数年〜5年程度のものが多く、寿命が近づいた場合はバッテリーの交換などが必要。交換しないと、電圧の低下や動作の停止になる可能性がある。

用語の使用例

「すごい雷で停電したけど、UPSを導入していて助かったね。」

関連用語

データセンター ……P38

第6章　IT業界で活躍する人の基本用語

223

Keyword 199

▶ぶれーどぴーしー

ブレードPC

データセンター用のコンピュータ

データセンターなどで多くのコンピュータを格納するために作られた専用の筐体で、CPUやメモリ、ハードディスクなどを基板の上に載せた薄いコンピュータをブレードPCと言う。ディスプレイなどはなく、ネットワーク経由で離れた場所からアクセスする、という使い方で情報の一元管理を実現している。

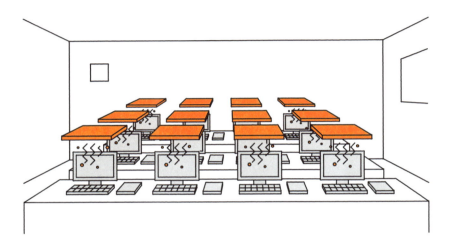

用語に関連する話

スペースを有効利用できる
同じサイズの筐体を並べて格納できるため、スペースの有効利用やメンテナンスの効率化が実現でき、多くのコンピュータが必要な企業で注目されている。

盗難防止に効果的
通常のコンピュータは容易に持ち出しできるため盗難のリスクがあるが、ブレードPCはデータセンターなどに設置されるため盗難防止に効果がある。

データ持ち出しを抑止可能
ブレードPCでは利用者側には本体が不要なため、USBメモリなどの可搬媒体による外部へのデータ持ち出し事件の発生を抑止できる。

用語の使用例
「ブレードPCにシンクライアントで接続して使ってるよ。」

関連用語
データセンター……P38　シンクライアント……P215

224

▶かそうましん

Keyword 200

仮想マシン

ソフトウェア上でコンピュータを動かす

ソフトウェアで仮想的なコンピュータを実現することで、1台のコンピュータの中で複数のOSを動作させるようなソフトウェアを仮想マシンと言う。安価に複数のOSや異なるバージョンを同時に使用して検証用の環境として使えるだけでなく、負荷の平準化などができる。一方で、仮想化のオーバーヘッドがあり性能の面が犠牲になることがある。

用語に関連する話

手軽に使える完全仮想化
ハードウェアをBIOSのレベルで再現してOSを動かすことを完全仮想化と言い、通常のOSをそのまま実行できる。ソフトウェアで実行するため処理は遅くなる。

動作がスムーズな準仮想化
ハードウェアをそのまま仮想化するのではなく、カスタマイズした仮想OSを実行する方法を準仮想化と言い、完全仮想化に比べて高速に実行できる。

人気を集めるDocker
サーバーなどのインフラとWebサービスなどのアプリケーションをひとまとめにしたコンテナとしてLinux上で動作させるツールの1つにDockerがある。

用語の使用例

「仮想マシンを使えばmacOS上でWindowsも動かせるね。」

関連用語

(仮想化)……P39 (仮想メモリ)……P226

第6章 IT業界で活躍する人の基本用語

225

▶かそうめもり

Keyword 201

仮想メモリ

ソフトウェアで実現するメモリ管理

メモリ領域が物理的に不連続であっても、それをアプリケーションに対して連続なメモリ領域に見せるように割り当てる手法に仮想メモリがある。仮想的に実現することで、物理的なメモリに加えてハードディスクなどの補助記憶装置も使うことで、メモリ容量以上のデータを扱う場合でもメモリ不足に陥ることなく処理できる。

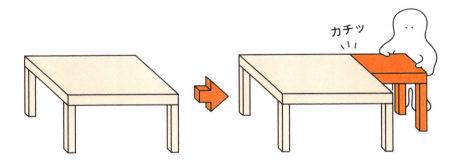

用語に関連する話

処理速度の低下に注意
ハードディスクなどの補助記憶装置はメモリなどの主記憶装置と比較して低速なため、主記憶装置の容量を超えた量を扱うと処理速度が低下する。

断片化の発生にも注意
仮想メモリは設定した容量が足りなくなると自動的に拡大されるが、頻繁に拡大されると断片化が発生し、処理速度が低下する可能性がある。

スワッピングやページング
物理メモリが不足した場合、メモリの内容をディスクに退避することをスワップアウト、逆をスワップインと言い、まとめてスワッピングやページングと言う。

用語の使用例
「メモリが少なくても仮想メモリがあれば大きなデータを扱えるね。」

関連用語
仮想化……P39　仮想マシン……P225

226

▶ぷろぐらみんぐげんご　　　　　　　　　　　　　　　　　　　　　Keyword 202

プログラミング言語

コンピュータへの指示を書く

コンピュータに対して処理手順を指示するために使われる言語をプログラミング言語と言い、人間がわかりやすいように表現する手段として多くのプログラミング言語が作成されている。コンピュータが処理できるのは機械語と呼ばれる0と1の並びだけであるため、プログラミング言語で書かれた内容を機械語に変換する必要がある。

第6章　IT業界で活躍する人の基本用語

用語に関連する話

ハードウェアに近い低水準言語
機械語やアセンブラなど、ハードウェアに近い言語のことを低水準言語や低級言語と言い、CPUレベルの操作などに使われる。

わかりやすい高水準言語
多くのプログラミング言語は、人間にとってわかりやすく、低水準の操作をあまり意識しなくて済む言語であり高水準言語や高級言語と言う。

マークアップ言語
文章や画像などを木構造などに構造化して記述するための言語にマークアップ言語があり、HTMLやXML、SVGやTeXなどが多く使われている。

用語の使用例

「プログラミング言語はたくさんあるけどどれを選べばいいんだろう？」

関連用語

手続き型とオブジェクト指向 ……P230　　関数型と論理型 ……P231

227

▶そーすこーど ▶こんぱいる　　　　　　　　　　　　　　　　　　　　　Keyword 203

ソースコードとコンパイル

コンピュータが読める形に変換

プログラミング言語の文法に沿って書いた文書をソースコードと言う。ソースコードを、コンピュータが理解できる言語に一括変換することをコンパイルと言い、そのためのソフトウェアをコンパイラと言う。ソースコードを逐次変換する場合はインタプリタと言う。

用語に関連する話

実行速度の違い
コンパイラは事前に変換することで実行時には高速に処理できるが、インタプリタは実行時の性能は犠牲になるがソースコード修正時も手軽に実行できる。

まとめて実行するビルド
ソースコードから実行ファイルを生成するときのコンパイルだけでなく、依存関係のチェックやリンクなどを行う処理をまとめてビルドと言う。

リバースエンジニアリング
ソースコードから実行ファイルを生成するコンパイルの反対に、実行ファイルからソースコードに近いものを作り出すことをリバースエンジニアリングと言う。

用語の使用例
「ソースコードを書いてもコンパイルしないと実行できないんだね。」

関連用語
プログラミング言語 ……P227

Keyword 204
▶あるごりずむ ▶ふろーちゃーと

アルゴリズムとフローチャート

処理手順を効率化

コンピュータに処理させるために書いた、問題を解くための手順をアルゴリズムと言い、同じ結果が得られる場合も、手順が異なると処理にかかる時間や消費するメモリ量などが異なる。アルゴリズムは箱や矢印を使ったフローチャート（流れ図）でよく表現される。

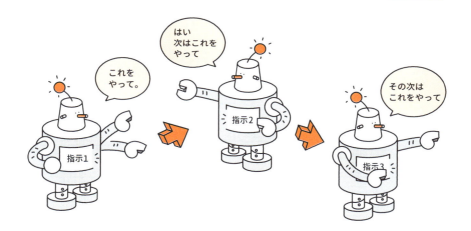

第6章 IT業界で活躍する人の基本用語

用語に関連する話

アルゴリズムの違いが速度を変える
アルゴリズムの違いにより、実装内容によっては実行にかかる時間が変わったり、不具合が発生しやすくなったりする。

アルゴリズムの著作権
プログラムのソースコードには著作権が存在するが、アルゴリズムには著作権は存在しない。ただし、不正競争防止法により営業秘密として保護される場合がある。

JISで定められた記号
フローチャートで使われる記号はJIS規格（JIS X 0121）により、形や処理・データが流れる方向が定められている。他にも多くのツールが独自に拡張している。

用語の使用例
「フローチャートを書くとアルゴリズムが視覚的にわかるよ。」

関連用語
キューとスタック……P245

▶てつづきがた ▶おぶじぇくとしこう　　　　　　　　　　　Keyword 205

手続き型と
オブジェクト指向

ソースコードの保守性を高める

実行したい一連の処理を「手続き」としてまとめて、その手続きにデータを渡しながら処理する開発手法を手続き型と言う。一方、データと操作をひとまとめにした「オブジェクト」を作成し、そのオブジェクトが連携して処理する開発手法をオブジェクト指向と言う。

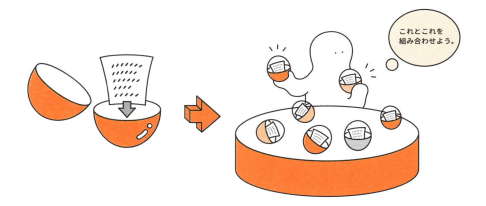

用語に関連する話

構造化プログラミング
順次、反復、分岐の3つを組み合わせて記述し、機能単位に分割する方法を構造化プログラミングと言い、手続き型の基礎となっている。

抽象データ型の実装
データとその操作についての手続きをまとめてデータ型を定義することを抽象データ型と言い、オブジェクト指向の基礎となっている。

カプセル化と継承、多態性
オブジェクト指向の3大要素としてカプセル化、継承、多態性があり、読みやすく書きやすいプログラミングを実現している。保守性を高めることにも繋がる。

用語の使用例

「手続き型の方が覚えやすいけど、オブジェクト指向も勉強しないと。」

関連用語

プログラミング言語 ……P227

Keyword 206

関数型と論理型

手順よりも目的を記述する

手続き型のように処理手順を記述するのではなく、数学の関数のように定義を記述し、その関数を適用してプログラミングする言語に「関数型言語」がある。また、論理式の集合でプログラムを作成する言語に「論理型言語」がある。手続き型が「どうやって」処理をするのかを記述するのに対し、関数型や論理型は「何を」するのかを記述する。

用語に関連する話

状態を変化させない
手続き型の言語では、変数などの値を変えながら処理を進めることが多いが、関数型では関数の適用によって処理するため変数の値などの状態は変化しない。

参照透過性の考え方
同じ入力が与えられたとき、必ず同じ出力が得られ、他にどんな機能があっても結果に影響を与えないことを参照透過性と言う。純粋関数型言語が持つ特徴でもある。

流行のマルチパラダイム
近年のプログラミング言語の多くは手続き型やオブジェクト指向、関数型など複数のパラダイムが混ざったマルチパラダイム言語である。

用語の使用例
「関数型言語が増えているけど、論理型言語はあまり注目されないね。」

関連用語
プログラミング言語 ……P227

Keyword 207

バグとデバッグ

プログラミングのミスを修正する

プログラムが想定した通りに動かないことをバグや不具合と言う。ソースコードを記述する際に作り込まれる実装時のバグだけでなく、そもそも設計の段階で誤っている設計時のバグなどもある。また、バグを取り除き、正しく動くように修正することをデバッグと言う。法的な文書ではバグのことを「瑕疵」と書くこともある。

 用語に関連する話

バグと不具合の違い
バグと不具合は同じ意味で使われることもあるが、プログラマの設計ミスや実装ミスをバグ、仕様や設計上の問題を不具合と言うことがある。

デバッグとテストの違い
テストはプログラムが設計した通りに動作しているか確認(検出)するのに対し、デバッグは存在するバグの原因を探すことや修正することを指す。

バグ管理システムの使用
プロジェクトで発見したバグを登録し、修正状況を管理するソフトウェアにバグ管理システムがあり、Webブラウザで操作するものが多い。

用語の使用例

「たくさんのコードからバグを見つけてデバッグするのは大変だね。」

関連用語→

(脆弱性とセキュリティホール) ……P196　(単体テストと結合テスト) ……P233

232

Keyword 208

単体テストと結合テスト

プログラムの動作を確認する

ソースコードの中で、関数やメソッドなどの小さな単位で、想定した動作をしているか調べることを単体テストと言う。個々の処理で実現している動作の確認が主な目的で、仕様書の通りに実装されていることを確認する。一方、複数のプログラムを組み合わせて画面間や機能間の連携を確認することを結合テストと言い、データの受け渡しなどをチェックする。

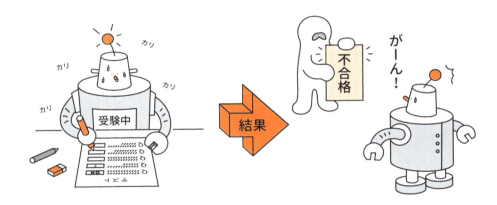

用語に関連する話

テストケースの作成
テスト漏れを防止するなどの目的で、どのようなテストを行うのか手順や方法などを文章化したものにテストケースがあり、事前に作成しておく。

単体テストの自動化
単体テストで多くのテストケースを漏れなく確実に実行するために、JUnitやPHPUnitなどのフレームワークを使って自動化する方法がよく使われる。

システムテストとの違い
結合テストは主にテスト環境で機能に問題がないことを確認するのに対し、システムテストでは本番環境で運用に問題がないか確認する。

用語の使用例
「単体テストを徹底的にすれば結合テストはいらなくならないかな？」

関連用語
(バグとデバッグ)……P232　(ブラックボックステストとホワイトボックステスト)……P234

Keyword 209

ブラックボックステストとホワイトボックステスト

異なる視点でテストする

ソースコードを見ずに、仕様書や設計書などを基にテストを行う方法をブラックボックステストと言い、利用者の視点で確認する。一方、ソースコードを見て条件分岐などを網羅するようにテストを行う方法をホワイトボックステストと言い、開発者の視点で確認する。

用語に関連する話

よく使われる境界値分析
ブラックボックステストにおいて処理の条件で境界となる値を使ってテストする手法を境界値分析と言い、成人の判定であれば19歳と20歳のデータを使う。

代表値を選ぶ同値分割法
入力されるデータをグループに分け、各グループから代表値を選ぶことで、偏ったデータばかりが使用されることを防ぐ方法に同値分割法がある。

デシジョンテーブルの使用
入力の組み合わせが複雑な場合、与えられる組み合わせに対する出力をまとめた表形式のデシジョンテーブルを使う方法があり、仕様の整理にも使われる。

用語の使用例

「ブラックボックステストもホワイトボックステストも両方大事だよ。」

関連用語

単体テストと結合テスト……P233

▶かばれっじ ▶もんきーてすと　　　　　　　　　　　　　　　　Keyword 210

カバレッジとモンキーテスト

網羅性を確認する

ホワイトボックステストで条件分岐をどれだけ確認したかを計測する指標にカバレッジがあり、命令網羅、分岐網羅、条件網羅などの手法を使う。一方、ブラックボックステストにおいて、猿のように思いつきで操作して結果を確認する方法としてモンキーテストがある。

用語に関連する話

すべての命令を調べる 命令網羅
すべての命令を実行したか確認することを命令網羅（C0）と言い、そのようなテストケースを設計することを考える。

すべての分岐を調べる 分岐網羅
すべての分岐で条件の真偽を判定したか確認することを分岐網羅（C1）と言い、そのようなテストケースを設計することを考える。

すべての条件を調べる 条件網羅
判定条件の組み合わせを網羅しているか確認することを条件網羅（C2）と言い、そのようなテストケースを設計することを考える。

用語の使用例

「モンキーテストもいいけど、やっぱりカバレッジは重要だよね。」

関連用語

バグとデバッグ ……P232　　ブラックボックステストとホワイトボックステスト ……P234

▶ふれーむわーく   Keyword 211

フレームワーク

開発効率の向上に貢献

多くのソフトウェアで使われるような、一般的な機能を土台として用意する考え方をフレームワークと言う。開発者はその土台の上で個別の機能を実装することで開発効率の向上が期待できる。Windowsのアプリケーションでは.NET Frameworkが有名で、Webアプリケーションの開発には各プログラミング言語で多くのフレームワークが提供されている。

用語に関連する話

ソースコードの統一に便利
フレームワークを使うことで、個人個人のソースコードの書き方がバラバラになることの防止に繋がり、保守性の向上が期待できる。

カスタマイズに限界がある
フレームワークを使うと、似たようなシステムが簡単に作れる一方で、独自のカスタマイズを施したい場合には変更できる範囲に限界がある。

デザイン面でも使われる
システム開発の現場だけでなく、Webデザインの場合はCSSフレームワークなどが提供されており、簡単に綺麗なデザインを実現できる。

用語の使用例
「最近はWebアプリを作るのにもフレームワークの勉強は必須だね。」

関連用語

(CSS) ……P158 (MVCとデザインパターン) ……P243

Keyword 212

ペアプログラミング

作業効率と品質の向上に役立つ

2人以上のプログラマが1つのコンピュータを使って共同でプログラムを作成する手法をペアプログラミング（ペアプロ）と言う。最近では複数人による「モブプログラミング（モブプロ）」も話題になっており、怠けることがない、複数人の意見が加わることでソースコードの質が上がる、初心者への教育効果がある、などのメリットがあると言われる。

用語に関連する話

役割の交代も大切
ペアプログラミングをするときは、それぞれが同じ役割を続けるのではなく、定期的に役割を変えることで知識の共有などの教育効果も期待できる。

初心者同士では難しい
初心者や経験が浅い人同士で組んでしまうと、お互いに指摘できる部分が少なく、悩む時間を増やしてしまう可能性もあるため注意が必要である。

生産性の低下に注意
2人が同時に1つの作業を行うため、1人で行うよりも生産性が低下する場合もあり、チームに合っているか、品質の向上に繋がるか見極める必要がある。

用語の使用例
「ペアプログラミングで交互に実装したらスキルアップできたよ。」

関連用語
リファクタリング……P240

237

Keyword 213

▶ぷろぱてぃ

プロパティ

設定を変更、表示する

ソフトウェアやファイル、周辺機器などの属性や特性を表す言葉にプロパティがあり、設定の変更や表示に使われる。設定されている値を変更することで、利用者の環境に合わせてカスタマイズできる。また、変更できない項目であっても、必要に応じてその設定内容を確認できる。

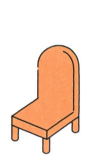

📖 用語に関連する話

ファイルのプロパティ
WindowsなどのOSでは、ファイルやフォルダのプロパティを表示できる機能があり、作成日時や更新日時、読み取り属性などが確認できる。

画面やプリンタのプロパティ
画面やプリンタなどの周辺機器についてもOSやドライバによるプロパティが用意されており、向きや解像度、色やサイズの設定を微調整できる。

プログラミングにおけるプロパティ
オブジェクト指向言語の一部にはオブジェクトが持つデータにアクセスする機能を指す言葉として使われることもある。

用語の使用例

💬「ちょっとプロパティを変えただけですごく使いやすくなったよ。」

関連用語

デフォルト……P113

▶がーべじこれくしょん　　　　　　　　　　　　　　　　　　　　　　　Keyword 214

ガーベジコレクション

不要になったメモリ領域を解放

プログラムが実行中に確保したメモリ領域のうち、使われなくなった領域を自動的に解放する機能をガーベジコレクションと言う。ガーベジとはゴミのことで、どこからも参照されていないメモリ領域を解放する。ガーベジコレクションを使用することで、明示的にメモリを解放する処理を記述する必要がなくなり、メモリ管理に関連するバグを回避できる。

用語に関連する話

CPU負荷に注意
ガーベジコレクションが動作しているとき、CPUを消費してしまうが、そのタイミングを制御するのが難しいため注意が必要である。

メモリリークの悪影響
プログラマがメモリの開放を忘れるとメモリリークが発生し、メモリの空き領域が不足してメモリを確保できずにプログラムが異常終了するなどの恐れがある。

常駐プログラムで特に注意
プログラムが終了するとメモリリークがあっても解放されるが、常駐プログラムやサーバーソフトの場合は占有され続けるため特に注意が必要である。

用語の使用例

「ガーベジコレクションがあるとプログラムは楽になるね。」

関連用語

バグとデバッグ……P232

第6章　IT業界で活躍する人の基本用語

239

▶りふぁくたりんぐ　　　　　　　　　　　　　　　　　　　　Keyword 215

リファクタリング

動作を変えずにソースコードを洗練

プログラムの動作を変えずに、より保守しやすいようにソースコードを修正することをリファクタリングと言う。プログラムから得られる結果は同じだが、何度も修正して複雑になったソースコードをシンプルにできる可能性がある。ソースコードの修正によりバグを埋め込む可能性もあるため、自動テストの環境整備などの工夫が求められる。

用語に関連する話

工数が増えるが有益
リファクタリングを行うことで工数は増えるが、そのまま作業を続けるよりも開発効率やプログラムの品質が向上するため、無駄ではない。

不具合の修正は行わない
あくまでも内部構造の改善のためにリファクタリングを行うため、不具合が存在することに気づいても原則としてこの段階では修正しない。

3度目の法則
リファクタリングを行うタイミングのガイドラインに3度目の法則があり、同じことを3度していると気づいたらリファクタリングをすべきである。

用語の使用例
「リファクタリングしたらソースコードが一気に短くなった！」

関連用語
ペアプログラミング……P237

▶かーねる　　　　　　　　　　　　　　　　　　　　　　　Keyword 216

カーネル

OSの中核部分

OSの中核にある部分で、CPUやメモリ、ハードウェアなどをソフトウェアが使うために必要な基本的な機能を提供するソフトウェアをカーネルと言う。UNIX系のOSでは、利用者がカーネルに直接アクセスできず、カーネルを取り囲むように表現される「シェル」やアプリケーションからシステムコールなどを使ってアクセスする。

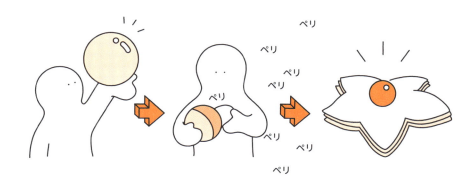

用語に関連する話

システムコールの役割
アプリケーションからハードウェアを直接制御することはできず、よく使う機能を用意したシステムコールを使うことで、開発者の負担を下げ、移植性を高めている。

プロセスの制御
OSにおいてプログラムを実行する単位にプロセスがあり、複数のプログラムが同時に実行できるように、アクセスできるメモリの範囲を管理している。

カーネルモード
CPUにはユーザーモードとカーネルモードがあり、デバイスドライバなどはカーネルモードで動作するが、一般的なアプリはユーザーモードで動作する。

用語の使用例
「カーネルのソースコードを読むとコンピュータの動作がよくわかる。」

関連用語
（OSとアプリケーション）……P79　（リーナス・トーバルズ）……P279

Keyword 217

APIとSDK

開発に必要なライブラリを呼び出す

アプリケーションを開発する際に既存のライブラリを使う場合、そのライブラリを呼び出すインターフェイスを APIと言う。用意された APIに従って処理を記述することで、その中身を知らなくてもライブラリを使用できる。一方、ライブラリやインターフェイスだけでなく、サンプルコードやドキュメントなども含まれるものに SDKがある。

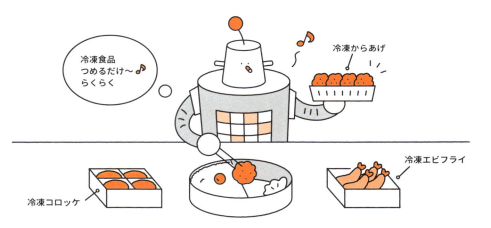

用語に関連する話

Web APIの利用
インターネット上で、開発者向けに提供されているAPIにWeb APIがあり、自分のWebサイトから呼び出すことで便利な機能を追加できる。

スマホアプリのSDK
iOSで動作するアプリ向けのiOS SDKや、Androidで動作するアプリ向けのAndroid SDKなどが公開されており、アプリ開発に利用されている。

Windows SDK
Windowsで動作するアプリを作成するために公開されているSDKにWindows SDKがあり、OSのバージョンアップに合わせて提供されている。

用語の使用例

「SDKを使って開発するだけでなく、APIを呼び出すと便利だよ。」

関連用語

OSとアプリケーション……P79　フレームワーク……P236

▶えむぶいしー ▶でざいんぱたーん　　　　　　　　　　　　　　　　Keyword 218

MVCとデザインパターン

オブジェクト指向でよく使われる定石

ソフトウェアを開発するとき、過去の開発者によって良い設計とされたデザインパターンを活用することがある。Webアプリケーションなど、利用者が操作をして処理するプログラムの場合、MVCが有名で、多くのアプリケーションで採用されている。

ビュー（見た目）

コントローラー（指示）

モデル（データの管理）

用語に関連する話

GoFのデザインパターン
オブジェクト指向でよく出会う問題とそれを解決するための良い設計について、GoFと呼ばれる4人が提案した23個のデザインパターンがよく知られている。

MVCにおける役割分担
MVCではデータの管理やビジネスロジックを担うModel、画面の表示を行うView、制御を行うControllerに役割を分担してプログラムを実装する。

MVVMの登場
最近では、MVCだけでなく、その派生パターンとしてModel, View, ViewModelに分けるMVVMと呼ばれる考え方も多く使われるようになってきている。

用語の使用例
💬「MVCだけでなく、GoFのデザインパターンも勉強しないと。」

関連用語
フレームワーク……P236

第6章　IT業界で活躍する人の基本用語

データ型とNULL

プログラムで格納できるデータを指定

プログラムでデータを扱うとき、格納するデータの内容に応じて確保するメモリのサイズを決めており、データ型と言う。例えば、文字であれば8ビット、整数や小数であれば必要なサイズを選べるように用意されている。また、使いたいデータを格納するだけでなく、データがないことを意味するNULLという値を格納することもある。

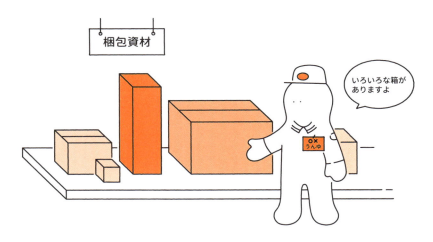

用語に関連する話

整数のデータ型の種類
多くのプログラミング言語では整数を固定長で扱い、8ビット、16ビット、32ビット、64ビットといった大きさが用意されている。また、符号ありと符号なしがある。

浮動小数点数の扱い
多くのプログラミング言語では小数を扱うときに浮動小数点数を使い、近似した値を固定長の仮数部と指数部で表現するIEEE754形式が使われている。

NULL文字
C言語などプログラミング言語の一部では、文字列の終端を表す文字としてNULL文字があり、特殊な意味を持つ。C言語では0というコードで定義されている。

用語の使用例
「データ型を知って、どんな値が入っているか確認しないとね。」

関連用語
プログラミング言語......P227

Keyword 220

▶きゅー ▶すたっく

キューとスタック

データを一列に格納

プログラム中で配列のようなデータ構造を使って一列にデータを格納するとき、追加や取り出しの方法としてキューとスタックがある。キューは先に入れたデータを先に取り出す方法で、レジに並んでいる行列のようなイメージ。スタックは最後に入れたデータを先に取り出す方法で、机の上に積み重なった書類を上から処理しているようなイメージ。

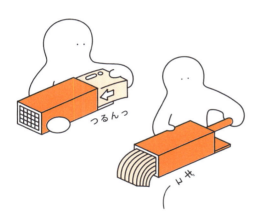

用語に関連する話

エンキューとデキュー
キューにデータを入れることをエンキュー、取り出すことをデキューと言い、先入れ先出しの意味でFIFOと言われる。幅優先探索などでよく使われる。

プッシュとポップ
スタックにデータを入れることをプッシュ、取り出すことをポップと言い、後入れ先出しの意味でLIFOやFILOと言われる。深さ優先探索などでよく使われる。

スタックの限界容量に注意
プログラムにおいて関数呼び出しに関する情報はスタックに蓄積されるため、その量が限界を超えるとスタックオーバーフローが発生する。

用語の使用例

「キューは押し出すイメージだけどスタックは積み上げるイメージだね。」

関連用語

 アルゴリズムとフローチャート……P229

第6章 IT業界で活躍する人の基本用語

245

Keyword 221

関数と引数、手続きとルーチン

ひとまとめの作業を整理

プログラム中で実行したい一連の処理に名前を付け、他から呼び出せるようにしたものを関数と言う。関数を呼び出すときに渡す値を引数と言う。言語によっては、値を返すものを関数、返さないものを手続きと言い、このような一連の処理をルーチンと言う。

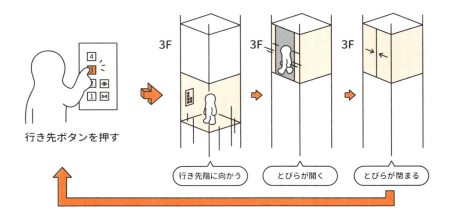

用語に関連する話

同じような処理をまとめる
同じ処理や似たような処理を何度も書くとプログラムが長くなるため、1つの関数にまとめて必要なときに引数を変えながら実行する方法が使われる。

長いプログラムを分割する
1つの関数に大量の文が書かれていると、その関数の内容を理解するのが大変なため、機能単位の関数に処理を分割することで読み手が動作を理解しやすくする。

DRY原則とOAOO原則
同じ処理を複数か所で使う場合、コピーすると一方を修正する場合にもう一方も修正が必要なため、コードを重複させないことをDRY原則やOAOO原則と言う。

用語の使用例

「関数や手続き、ルーチンに渡す引数を変えると結果も変わるね。」

関連用語

(再帰呼び出し)……P247

Keyword 222

▶さいきよびだし

再帰呼び出し

自分自身を呼び出す関数

プログラムにおいて、処理の中で自分自身を呼び出す関数を再帰呼び出しと言う。身近な例で考えると、カメラでテレビを撮影しながら、撮影している内容をそのテレビに映すと、テレビの中に無限にテレビが映し出される。自分自身を呼び出す処理を、少しだけ引数を変えながら実行するプログラムは、繰り返し処理よりシンプルに実装できることが多い。

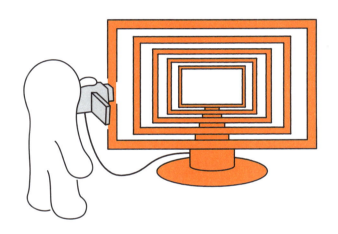

用語に関連する話

関数型言語で多く使われる
関数型言語では変数の値を書き換えるなど状態を変化させる方法を基本的に使わず、ループの代わりに再帰呼び出しを使うことが多い。

終了条件が必須
再帰呼び出しをする場合には、引数の内容に応じた終了条件を指定しておかないと無限に処理を繰り返してしまうため、終了条件が必須である。

末尾再帰と最適化
自身の再帰呼び出しが、関数の最後のステップになっている再帰関数を末尾再帰と言い、スタックの消費を減らして最適化できることが知られている。

用語の使用例

「再帰呼び出しを使うとソースコードが短くなったよ。」

関連用語

関数と引数、手続きとルーチン……P246

Keyword 223

▶りれーしょなるでーたべーす ▶えすきゅーえる

リレーショナルデータベースとSQL

複数の表をひも付けて管理

表形式のデータを関連付けて構成したデータベースをリレーショナルデータベースと言い、SQLという言語で操作する。データの操作だけでなく、格納形式の定義やアクセス権限の設定も可能。データを格納する前にデータモデルを決め、不適切な登録を防げる。

用語に関連する話

テーブルなどを定義するDDL
SQLのうち、テーブルなどの構造を定義するものにDDLがあり、CREATE TABLEやDROP TABLEなどの文がある。

データを操作するDML
SQLのうち、データを操作するものにDMLがあり、検索のSELECTや登録のINSERT、更新のUPDATE、削除のDELETEなどがある。

アクセス権限などを設定するDCL
SQLのうち、データに対するアクセス制御などを行うものにDCLがあり、権限を付与するGRANTや剥奪するREVOKEなどがある。

用語の使用例

「リレーショナルデータベースの操作にはSQLを覚えればいいね。」

関連用語

表計算ソフトとDBMS ……P86

Keyword 224

▶てーぶる ▶いんでっくす

テーブルとインデックス

データを表形式で管理

リレーショナルデータベースにおいて、表計算ソフトのシートのようにデータを格納する表形式の場所をテーブルと言う。データベースには複数のテーブルが格納されており、ひも付けて処理を行う。また、テーブルから特定のデータを検索するとき、データ量が多くなると処理に時間がかかるため、索引を作成する。これをインデックスと言う。

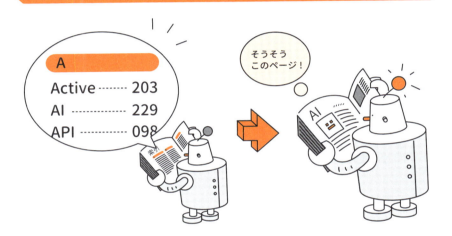

用語に関連する話

カラムとレコード
テーブルの縦方向をカラムと言い、どのような属性を入れるかを決める。一方、横方向をレコードと言い、登録されている1件分のデータを指す。

セルに相当するフィールド
レコードの1つ1つの要素をフィールドと言い、表計算ソフトでのセルに相当する。入力フォームでデータを入力する場所を指すこともある。

インデックスのデメリット
インデックスにより高速に検索できるが、更新時はインデックスも更新する必要があるため、頻繁に更新されるテーブルでは処理速度が低下する可能性がある。

用語の使用例
「テーブルにインデックスを付けないと検索が遅くなるよ。」

関連用語
リレーショナルデータベースとSQL ……P248

第6章 IT業界で活躍する人の基本用語

▶せいきか ▶しゅきー　　　　　　　　　　　　　　　　　　　　　Keyword 225

正規化と主キー

扱いやすいようにテーブルを分割

リレーショナルデータベースにおいて、データが重複しないようにテーブルを分割し、データ間の整合性を保てるように設計することを正規化と言う。正規化の段階には、第1～第5正規形やボイスコッド正規形などが有名だが、一般的には第1～第3正規形が使われる。分割したテーブルにおいて、データを一意に識別できるように主キーを設定する。

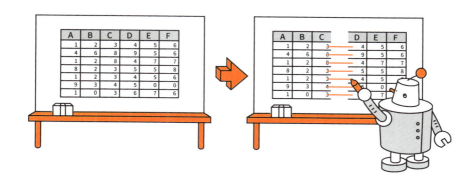

用語に関連する話

正規化の効果
正規化により、データの更新が最小限で済み、無駄なデータを保持せずディスク消費量を削減できる、データ移行がスムーズになるなどの効果がある。

正規化による速度低下
正規化を意識しすぎると、複数のテーブルにデータが分割され、検索の内容によっては複数のテーブルを結合するため処理速度が低下する場合がある。

ユニーク制約
データを登録、更新する際に、列や列のグループに含まれるデータがテーブル内で一意であるように要求する制約をユニーク制約（一意制約）と言う。

用語の使用例
「このテーブルを正規化した後は、それぞれに主キーを付けてね。」

関連用語
テーブルとインデックス ……P249

▶とらんざくしょん ▶ちぇっくぽいんと　　　　　　　　　　　　　Keyword 226

トランザクションとチェックポイント

データの消失を防ぐ

データベースに一部の更新処理だけが実行されると困る場合に、まとめて実行する一連の処理をトランザクションと言う。処理中に問題が発生すると処理を取り消して、整合性を確保する。確定したデータがディスクに反映されるタイミングをチェックポイントと言う。

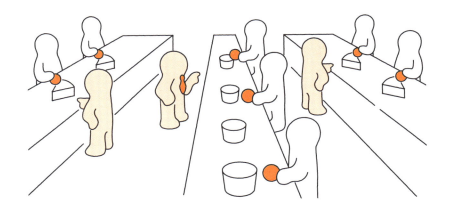

用語に関連する話

一部の失敗を許さないACID特性
信頼性のあるトランザクションは原子性、一貫性、独立性、永続性の4つの性質を保証するという考え方をACID特性と言う。

処理を戻すロールバック
データベースのデータの更新中に、トランザクションの途中で確定(コミット)するまでに問題が発生したとき、元に戻すことをロールバックと言う。

ログで戻すロールフォワード
チェックポイント以降にコミットが完了したデータについて、障害が発生した場合にログを基に反映することをロールフォワードと言う。

用語の使用例

「チェックポイントより前のトランザクションは復旧できたよ。」

関連用語

リレーショナルデータベースとSQL……P248

▶でっどろっく ▶はいたせいぎ　　　　　　　　　　Keyword 227

デッドロックと排他制御

同時更新を避ける

複数の処理が同時に実行できないように、ある処理にだけ独占的に利用できるようにして、他は実行できない状態にすることを排他制御と言う。また、排他制御によりロックされているデータに対し、2つ以上の処理が同時にアクセスしようとして、どちらも相手の処理が終了するのを待ってしまい処理が進まない状況をデッドロックと言う。

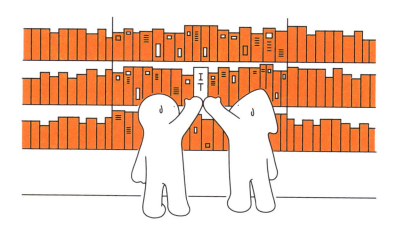

用語に関連する話

悲観的排他制御
同時に同じデータにアクセスしたとき、一方が開いていると開こうとしたもう一方にエラーを表示する方法を悲観的排他制御と言う。

楽観的排他制御
同時に他の人が更新しようとしていても、他が更新していなければ更新し、更新していればメッセージを表示してやり直す方法を楽観的排他制御と言う。

表ロックと行ロック
データベースで更新を行う場合にロックする単位として、表全体をロックする表ロックと、更新対象の行だけをロックする行ロックがある。

用語の使用例
「利用者が複数のときはデッドロックや排他制御の知識が必要だね。」

関連用語
リレーショナルデータベースとSQL……P248

▶すとあどぷろしーじゃ

Keyword 228

ストアドプロシージャ

一連の処理をまとめて実行

データベースに対する複数の処理を一度に実行するためにまとめた手続きのことをストアドプロシージャと言う。名前の通り、データベースに格納される手続きで、データベース内で処理が完結するため、その手続きを呼び出すプログラミング言語には依存せずに実行できる。また、コンパイルされた状態で格納されるため、高速に実行できる。

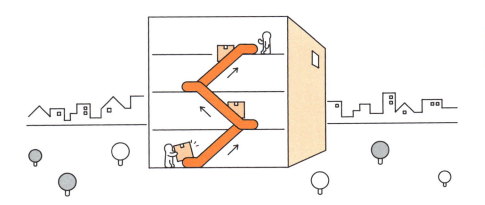

用語に関連する話

アプリ側の保守性が向上
ストアドプロシージャを使うことで、データベースの処理をまとめてDBMS内に任せるため、アプリケーション側の保守性が向上する。

互換性が低いため要注意
SQLは多くのDBMSで標準化されているが、ストアドプロシージャはDBMS独自の言語が使われることが多く、互換性が低いことに注意が必要である。

ビューとの使い分け
テーブルを結合し、必要な部分だけを見せるビューを定義することもでき、主に参照用に使われる。ストアドプロシージャは複雑な処理や更新処理に主に使われる。

用語の使用例
「ストアドプロシージャならプログラムから呼び出すだけだね。」

関連用語
リレーショナルデータベースとSQL……P248

第6章 IT業界で活躍する人の基本用語

253

Keyword 229
▶ふかぶんさん

負荷分散

複数の機器で処理を分担

複数のサーバーなど、同じ役割を持つ複数の機器の間で処理を分散することで、1台だけに大きな負荷がかかる状況を避けることを負荷分散と言う。また、負荷分散を行うための機器を負荷分散装置（ロードバランサ）と言う。負荷分散装置を使うことで、利用者は1台のサーバーにアクセスしているように見えても、自動的に複数に振り分けられる。

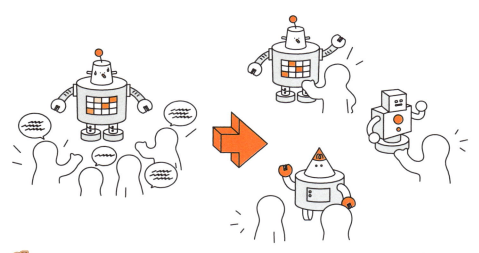

用語に関連する話

CDNの使用
Webサイトや画像、動画を配信する場合には、自社で負荷分散するよりもCDNと呼ばれるサーバーにアップロードする方法が多く使われている。

垂直分散との違い
負荷分散では同じ役割のコンピュータを複数で分散するため水平分散と言われるが、コンピュータを役割ごとに複数用意することを垂直分散と言う。

分散と集中の歴史
災害が起きるリスクや負荷を考えると、複数か所に分散すると安心だが、管理面では集中の方が楽であり、歴史を振り返ると交互に繰り返しているように思える。

用語の使用例
「大量にアクセスがあるサーバーだと負荷分散が必須だね。」

関連用語
スケールアウトとスケールアップ ……P91　CDN ……P176

▶ほっとすたんばい ▶こーるどすたんばい　　　　　　　　　　　Keyword 230

ホットスタンバイと
コールドスタンバイ

障害発生に備える

故障などに備えて、バックアップ用の機器を待機しておく状態を指す言葉にホットスタンバイとコールドスタンバイがある。ホットスタンバイはいつでも使える状態で速やかに切り替え可能だが、コールドスタンバイは普段使用しない状態であり切り替えに時間がかかる。

用語に関連する話

ホットスタンバイの欠点
OSやアプリケーション、データを常に使える状態に確保するため、データの同期もリアルタイムに行う必要があり、運用にはコストがかかる。

コールドスタンバイの欠点
コールドスタンバイ構成では障害が発生してから電源を入れ、データや設定の移行を行うため、切り替えに時間がかかり、その間はシステムを使えない。

ウォームスタンバイ
ホットスタンバイとコールドスタンバイの中間にウォームスタンバイがあり、普段から起動しているが切り替えに何らかの作業が必要な構成を指す。

用語の使用例
「お金があればホットスタンバイにしたいけどコールドスタンバイかな。」

関連用語
負荷分散……P254

遊び心のあるネーミングを知る

ITに関する言葉には、遊び心のある名前が付いていることは珍しくありません。本文中に出てきたものとして、「パンくずリスト」は童話『ヘンゼルとグレーテル』が基になっており、「スパムメール」のスパムはテレビ番組『空飛ぶモンティ・パイソン』が由来になっているそうです。

遊び心のある名前として、再帰的な略語を使うこともあります。例えば、GNUはGNU's Not Unixの略ですし、PHPはPHP: Hypertext Processorの略です。このような略語には、他にも以下のような言葉が知られています。

略語	正式名称
Linux	Linux is not unix
LAME	LAME Ain't an MP3 Encoder
Wine	Wine Is Not an Emulator
Nagios	Nagios ain't gonna insist on sainthood
YAML	YAML Ain't Markup Language

ソフトウェアのバージョン番号もユニークなものがあります。267ページで登場するTeXは円周率π=3.14159…に近づきますし、同じクヌース氏が作ったMETAFONTは自然対数の底e=2.718…に近づきます。

また、数字で表すバージョン番号に加えてコードネームが使われることもあります。Androidではお菓子の名前のコードネームがあり、アルファベット順にCupcake、Donut、Eclair（エクレア）、Froyo（フローズンヨーグルト）……のような名前が付けられています。

macOSでは昔はCheetahやPuma、Jaguarのような動物の名前でしたが、最近ではYosemiteやEl Capitan、Sierra、High Sierra、Mojaveというようにカリフォルニアの地名が使われています。

第7章

IT業界で知っておくべき人物

Keyword 231〜256

Keyword 231
▶あらん・ちゅーりんぐ

アラン・チューリング

チューリング・テストの考案者

1912年イギリス出身。「現代計算機科学の父」の1人と言われ、現代のコンピュータの誕生に重要な役割を果たした人物。第二次世界大戦においてはドイツのエニグマ暗号の解読に関わり、大英帝国勲章を授与されている。「知性」や「知能」、「思考」という言葉を考えるときにチューリングの果たした功績は大きく、人工知能の父の1人とも言われる。

人物に関連する話

チューリング・マシン
チューリング氏が考えた、無限に長いテープを左右に動かして問題を解く機械というコンピュータの概念。処理が停止するか事前に判定するという問題は解けない。

チューリング・テスト
人工知能かどうかを判定する方法にチューリング・テストがある。隔離された判定者とやり取りし、判定者が機械と人間の区別ができない場合に人工知能と判定する。

チューリング賞
ACMという学会が授与している賞に、チューリング賞がある。コンピュータサイエンスの分野でのノーベル賞と言われ、大きな功績を挙げた人に贈られる。

偉人のここがスゴイ!
➖ 政治とコンピュータサイエンスの両分野で偉業を成し遂げた!

関連用語↩

AI ……P14

258

▶くろーど・しゃのん　　　　　　　　　　　　　　　　　　　　　　Keyword 232

クロード・シャノン

情報理論の父

1916年アメリカ出身。情報や通信について数学的に考える情報理論の考案者。電気回路の直列・並列と論理演算のAND・ORとを対応させて計算できることを示しただけでなく、情報の量を表すエントロピーの概念を提唱し、データ圧縮や符号化、暗号など、現在のICT（情報通信技術）社会に必須の技術について数学的な研究を行った。

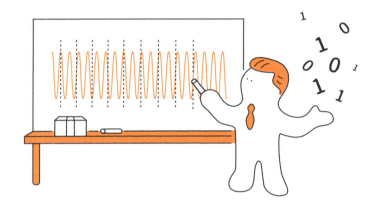

人物に関連する話

標本化定理の証明
アナログデータをデジタルデータに変換するときのサンプリング間隔について、定量的に示した定理に標本化定理があり、シャノン氏によって証明された。

情報源符号化定理
情報が持つ価値（情報量）を定義し、データ圧縮の限界を与える定理に情報源符号化定理があり、シャノンの第一基本定理と言われる。

通信路符号化定理
通信路において雑音が含まれても、誤り訂正が可能な最大効率についての定理に通信路符号化定理があり、シャノンの第二基本定理と言われる。

偉人のここがスゴイ！
● 20世紀に現代の通信の基礎を築いた！

関連用語
暗号化と復号 ……P201

第7章 IT業界で知っておくべき人物

▶えどがー・ふらんく・こっど Keyword 233

エドガー・F・コッド

関係モデルを発明

1923年イギリス出身。IBM社にてデータを扱う際の関係モデルや関係代数、リレーショナルデータベースを発明し、「RDBMSの父」とも言われる。コッド博士の理論を基に、現在の多くのデータベースで使われているSQLが開発されている。データの管理に関わる貢献をした人に対してはコッド革新賞が毎年授与されている。

人物に関連する話

関係モデルと関係代数
データを2次元の表形式で表現する方法を関係モデルと言う。表で扱う和・差・積などの集合演算や、結合・射影・選択などの関係演算の定義を関係代数と言う。

コッドの12の規則
関係データベース管理システムが持つべき特徴を記した規則に「コッドの12の規則」があるが、1990年に規則の数が18個に拡張されている。

正規化への貢献
データベースの正規化について、第1～第3正規形を定義しただけでなく、第3正規形の強化版として定義された正規化の方法にボイス・コッド正規系がある。

> **偉人のここがスゴイ!**
> 扱いづらかったデータベースに革命を起こした!

関連用語

(表計算ソフトとDBMS)……P86 (リレーショナルデータベースとSQL)……P248

Keyword 234

▶じょん・ふぉん・のいまん

ジョン・フォン・ノイマン

ノイマン型コンピュータの概念を発表

1903年ハンガリー出身。世界初のコンピュータであるENIACに続くEDVACに設計段階から参加し、プログラム内蔵方式のコンピュータの概念を発表した。ゲーム理論におけるミニ・マックス法や、シミュレーションにおけるモンテカルロ法などの理系分野だけでなく、歴史や哲学など幅広い分野で数多くの功績を残している。

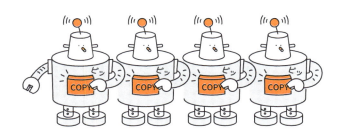

第7章 IT業界で知っておくべき人物

人物に関連する話

ノイマン型コンピュータ
現代の一般的なコンピュータはプログラム内蔵型コンピュータとも言われ、その提唱者であるノイマンの名前からノイマン型コンピュータと言われる。

セル・オートマトン
状態を持つセルが、隣り合うセルの状態を基に、その状態を遷移させていくモデルとしてセル・オートマトンがあり、さまざまな自然現象のモデル化に使われている。

マージソート
一度バラバラにしてから集める分割統治法によってデータの並べ替えを安定的に高速に行うアルゴリズムで、ノイマン氏によって発明されたと言われている。

偉人のここがスゴイ!
➡ 現在も使われ続けているコンピュータの概念を提唱した！

関連用語
五大装置 ……P218

ジョン・バッカス

バッカス・ナウア記法の考案者

1924年アメリカ出身。世界初の高水準言語であるプログラミング言語「FORTRAN」を発明したことで、多くの人が機械語を学ぶことなくプログラミングできるようになった。言語仕様の記述に使われるバッカス・ナウア記法の発明者でもある。その功績からチューリング賞を受賞しているだけでなく、小惑星にもその名が付けられている。

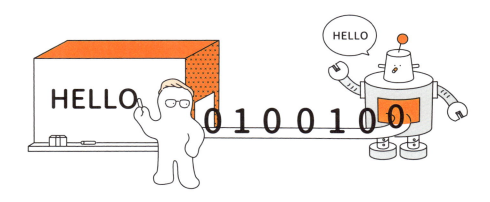

人物に関連する話

広く使われた世界初の高級言語FORTRAN
数値計算や科学計算に適したプログラミング言語で、スーパーコンピュータを使ったシミュレーションなどで現在も使われている。

バッカス・ナウア記法
プログラミング言語などの文法を定義するために使われる記法で、ALGOLという言語の文法を表現するために作られた。現在も拡張されたものが使われている。

関数レベルプログラミング
バッカス氏は関数レベルプログラミングを提唱し、新たなプログラミング言語FPや後継のFLを開発したが、あまり使われることはなかった。

偉人のここがスゴイ!
プログラミング言語の設計、開発の礎を作った!

関連用語
プログラミング言語……P227

▶じょん・まっかーしー　　　　　　　　　　　　　　　　　　　　Keyword 236

ジョン・マッカーシー

フレーム問題の提唱者で、LISPの開発者

1927年アメリカ出身。1956年のダートマス会議において「Artificial Intelligence」という言葉を使い、AIにおける難問であるフレーム問題について定式化するなど、マービン・ミンスキー氏とともに「人工知能の父」と呼ばれる。また、プログラミング言語 LISP を設計し、ガーベジコレクションを発明した。

📖 人物に関連する話

フレーム問題
AIにおける難問の1つで、あらゆる可能性を考慮すると探索する量が多すぎて発生する問題に対する答えを時間内に見つけられないことを指す。

プログラミング言語LISP
リストの処理によって機能を実現する言語で、関数型プログラミング言語の元祖だと言える。記号処理が得意で人工知能の開発に多く採用されていた。

タイムシェアリング・システム
1台のメインフレームのCPUを時間で分割して共有できるようにして、ユーザー単位で同時にコンピュータを有効利用できるようにした。

偉人のここがスゴイ！
🟰 計算機科学における20世紀最大の発明をした、AIの第一人者！

関連用語→

(AI) ……P14 (プログラミング言語) ……P227 (関数型と論理型) ……P231

第7章 IT業界で知っておくべき人物

▶まーびん・みんすきー   Keyword 237

マービン・ミンスキー

人工知能の父

1927年アメリカ出身。1956年のダートマス会議の発起人の1人で、ニューラルネットワークに関する研究を行うなど、ジョン・マッカーシーとともに「人工知能の父」と言われる。「役に立たない機械（Useless machine）」など哲学的でユニークな発想をする人としても知られ、生涯にわたり知的な探求を続けていた。

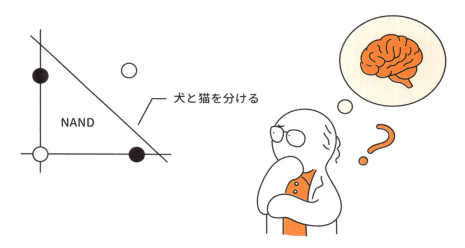

📖 人物に関連する話

フレーム理論
知識を図式化しようと考えるとあらゆる事象を記述する必要があるが、フレームと呼ばれる枠組みで制限して枠内に収まる知識だけを使おうという考え方。

著書『心の社会』
ミンスキー氏が心の働きを考察した本。人工知能や心とは何かと考えたとき、「脳」や「言葉」、「学習」「理解」「常識」などの根源的な事柄に深く思いを巡らせられる。

パーセプトロンの限界を指摘
ニューラルネットワークの一分類であるパーセプトロンにおいて、排他的論理和の論理演算を学習できないなど、線形分離できないことを示した。

偉人のここがスゴイ！
● 著書やプロジェクトでAIを世界に広め、後継者を育てた！

関連用語
(AI)……P14

ゴードン・ムーア

ムーアの法則の提唱者

1929年アメリカ出身。Intel社の設立者の1人で、「ムーアの法則」で知られ、科学の技術革新に貢献した人に対して毎年「Gordon E. Moore Medal」を授与している。90歳を超えた現在もIntel社の名誉会長を務めている。アメリカで文民に贈られる最高位の勲章である「大統領自由勲章」を2002年に受賞している。

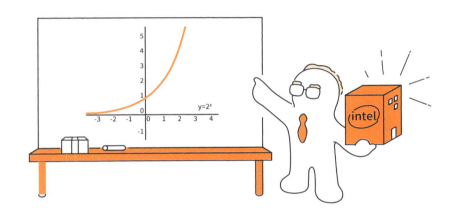

人物に関連する話

当初のムーアの法則
1965年にムーア氏が予測した内容として、素子あたりのコストを考えたとき「集積回路上に搭載される素子の数が1年ごとに倍になる」というものがある。

変更されたムーアの法則
1975年にはペースが減少したことを発表し、ムーアの法則として「2年ごとに倍になる」という内容が知られており、実際にそのようなペースが維持されていた。

ゴードン＆ベティ・ムーア財団
2000年にムーア夫妻によって設立された財団で、画期的な科学的発見、環境保全、患者ケアの改善などに取り組んでいる。

偉人のここがスゴイ！
- 半導体業界のトレンドを作り上げた！

関連用語
CPUとGPU……P66　IC（集積回路）……P219

▶えどがー・だいくすとら　　　　　　　　　　　　　　　Keyword　239

エドガー・ダイクストラ

構造化プログラミングの提唱者

1930年オランダ出身。構造化プログラミングを提唱し、「GoTo文は有害とみなされる」という記事を寄稿しただけでなく、多くのプログラミング言語に影響を与えた言語のALGOLでも中心的な役割を果たした。分散コンピューティングにも貢献したことから、2000年から分散コンピューティングに関する論文に対して毎年ダイクストラ賞が授与されている。

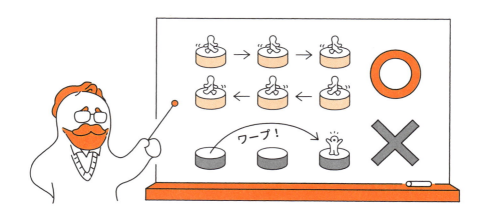

人物に関連する話

構造化プログラミングの提唱
複数の処理をまとめて抽象化した文を組み合わせて階層化する、データも抽象化する、など抽象化によってプログラムの可読性を向上させることを目指した。

ダイクストラ法の考案
グラフ理論の最短経路問題を解くアルゴリズムであるダイクストラ法を考案。ネットワークでのルーティングやカーナビでの経路案内などに利用されている。

セマフォの考案
ある領域に複数の処理が同時にアクセスするとき、その競合状態をOSなどが管理・制御するシンプルな方法であるセマフォをダイクストラ氏が考案した。

偉人のここがスゴイ！
- プログラミングの無駄を省けるしくみを作った！

関連用語
（プログラミング言語）……P227　（アルゴリズムとフローチャート）……P229

Keyword 240

▶どなるど・くぬーす

ドナルド・クヌース

文芸的プログラミングの提唱者

1938年アメリカ出身。執筆中のアルゴリズムに関する書籍は頭文字を取って「TAOCP」と呼ばれ、第7巻まであるとされる。執筆開始から50年以上が経過した現時点で第4巻の分冊まで出版されている。TAOCPの執筆のためにTeXを開発するなどこだわりがあることで知られており、出版物に誤りを発見した人には賞金小切手を発行していたことも。

第7章 IT業界で知っておくべき人物

人物に関連する話

『The Art of Computer Programming』
アルゴリズムのバイブルとも言われ、アルゴリズムの背景や歴史なども含めて解説された書籍で、現在も執筆が続けられている。

TeXの開発
オープンソースの組版処理システムで、マークアップ方式で数式なども記述できる。バージョンアップするたびにバージョン番号が円周率に近づく。

文芸的プログラミング
ドキュメントとソースコードを一体化して作成するプログラミングスタイルで、文書との整合性を確保するため、クヌース氏によって提唱された。

偉人のここがスゴイ！
- アルゴリズム解析の分野を切り開いた！

関連用語
（アルゴリズムとフローチャート）……P229

267

スティーブン・クック

NP完全問題の存在を証明

1939年アメリカ出身。論理式の充足可能性問題（SAT）がNP完全であることを証明することで、NP完全問題の存在を証明した。この証明は、「Cook-Levinの定理」として知られている。「P ≠ NP予想」には多くの数学者が解決した論文を投稿しているが、その検証の結果、未だに示されていないと言われている。

人物に関連する話

NP完全問題
問題をコンピュータに解かせるときにかかる時間を考えるとき、PやNPというクラスに分類する方法があり、NPの中で最も難しい問題をNP完全問題と言う。

P ≠ NP予想
クラスPとクラスNPの2つの集合が異なるとスティーブン・クックによって提案された予想で、未解決のミレニアム懸賞問題の1つになっている。

クラスSC
スティーブン・クックにちなんで名付けられたクラスにSCがあり、クラスPかつクラスPolyLに属する、決定性チューリング・マシンで解決可能な問題のクラスを指す。

偉人のここがスゴイ！
- 解ければコンピュータ史を大きく変える問題の存在を証明した！

関連用語
アルゴリズムとフローチャート……P229

▶あらん・けい　　　　　　　　　　　　　　　　　　　　　　Keyword 242

アラン・ケイ

パソコンの父

1940年アメリカ出身。共同で使うのではなく個人ごとに使う「パソコン」の概念を提唱し、その原型としてALTOを開発したことから「パソコンの父」とも言われる。また、「オブジェクト指向」という言葉や概念を提唱し、Smalltalkを開発したことで知られる。「未来を予測する最善の方法は、それを発明することだ」という言葉でも有名。

人物に関連する話

ダイナブック構想
アラン・ケイ氏が提唱した、GUIのOSを搭載し、持ち運びが可能な理想の「パソコン」の構想のことで、低価格で子どもでも使えることを想定されていた。

SmalltalkとSqueak
オブジェクト指向プログラミングの手本として、続く言語に大きな影響を与えた言語にSmalltalkがあり、その環境の1つとしてSqueakがある。

コンピュータリテラシー
読み書きそろばんのように、コンピュータを日常生活の中で操作できるような能力を指す言葉にコンピュータリテラシーがあり、アラン・ケイによる造語である。

偉人のここがスゴイ！
今日の「パソコン」を最初に考えたGUIの火付け役！

関連用語
五大装置……P218　手続き型とオブジェクト指向……P230

第7章　IT業界で知っておくべき人物

269

▶らりー・えりそん　　　　　　　　　　　　　　　　　　　　　　Keyword 243

ラリー・エリソン

Oracle社の共同創業者

1944年アメリカ出身。1977年にOracle社の前身企業を共同で創業し、DBMSを中心に開発。その後、サンマイクロシステムズ社をはじめとして、数多くの企業を買収したことで知られる。親日家としても有名で、日本にも別荘を持っていると言われる。テスラ社の取締役にも就任し、10億ドルを投資したことで話題になった。

人物に関連する話

RDBMSのOracle
大型コンピュータからPCまで幅広い環境で利用できる商用のRDBMSにOracleがある。豊富な機能と高速な処理で大企業向け製品として高いシェアがある。

OSS製品と異なるサポート
RDBMSとして、オープンソースソフトウェアのMySQLやPostgreSQLなども多く使われているが、Oracleは商用として手厚いサポートが受けられる。

ハワイのラナイ島所有者
2012年にハワイで6番目に大きな島、ラナイ島の98%をエリソン氏が購入し、彼が主張する持続可能な開発計画のモデルにすべく、開発が進められている。

偉人のここがスゴイ！
● 他社に先駆けてRDBMSをビジネスに変えた！

関連用語
リレーショナルデータベースとSQL ……P248

▶りちゃーど・すとーるまん　　　　　　　　　　　　　　　Keyword 244

リチャード・ストールマン

フリーソフトウェア活動家

1953年アメリカ出身。GNUプロジェクトを創設し、利用者がソフトウェアを自由に使える権利を法的に保証することを考えた。また、フリーソフトウェア財団（FSF）を設立し、開発者がソフトウェアの変更や再配布を行う権利を法的に保護するコピーレフトの概念を広めることを考え、そのライセンス体系としてGPLを作成した。

人物に関連する話

フリーソフトウェア運動
ソースコードを公開し、無償での自由な配布を推進する活動をフリーソフトウェア運動と言い、コピーレフトやライセンスについて普及啓発を行っている。

GNU Emacsの開発
高い拡張性があり、自由にカスタマイズできるテキストエディタとして古くから使われているものにEmacsがあり、そのGNU版を開発した。

GCCの開発
C言語やC++、Javaなど多くのプログラミング言語に対応したコンパイラであるGCCを開発し、LinuxなどUNIX系OSで標準搭載されている。

偉人のここがスゴイ！
◎ITの進歩を加速させた立役者！

関連用語→
オープンソース……P169

第7章　IT業界で知っておくべき人物

271

▶ぽーる・あれん　　　　　　　　　　　　　　　　　　　　　　Keyword 245

ポール・アレン

Microsoft社の共同創業者で、ハードウェアにも造詣が深い

1953年アメリカ出身。ビル・ゲイツ氏とともにMicrosoft社を創業したことから、億万長者になった。財団を運営していただけでなく、さまざまな事業に投資する慈善活動家としても知られ、2015年には旧日本海軍の戦艦「武蔵」を深海から発見したことで注目を集めた。また、宇宙事業に興味を持ち、投資していたが2018年に亡くなった。

人物に関連する話

BASICインタプリタの販売
アレン氏は、ビル・ゲイツ氏とともにMicrosoft社で開発したBASICインタプリタの販売を行った。「世界初のパソコン」と呼ばれるAltair 8800向けに作られた。

美術館の設立
アレン氏は、シアトルにあるMoPOPなどの美術館を設立し、歴史的に価値のあるコレクションを展示する非営利団体への投資や芸術家への支援を行っていた。

空中発射システムの開発
アレン氏はロケットを乗せて飛行し上空で打ち上げる、ロケット打ち上げ用飛行機の計画に参加していた。2020年に運用開始が予定されている。

偉人のここがスゴイ！
● OSの開発を主導し、「パソコン」を世界に普及させた！

関連用語⤵

(OSとアプリケーション)……P79

▶てぃむ・ばーなーず＝りー　　　　　　　　　　　　　　　　Keyword 246

ティム・バーナーズ＝リー

WWWの父

1955年イギリス出身。World Wide Web技術の設計や実装を行ったことから、「WWWの父」とも呼ばれる。W3Cを設立し、WWWの標準化や、次世代のWeb技術であるセマンティックWebにも取り組んでいる。2009年にはWorld Wide Web財団を設立し、2018年には「Contract for the Web」（ウェブのための協定）の作成を発表した。

人物に関連する話

WWWの考案
HTMLやHTTP、URLなどのWeb技術の基礎となる部分をバーナーズ＝リー氏が考案し、世界初のWebブラウザであるWorld Wide Webを開発した。

セマンティックWebの標準化
現在のWebサイトのようにHTMLで記述するのではなく、XMLで記述した文書に意味を記述したタグを付けることで情報収集や分析を自動的に行う技術。

Solidの考案
自分のデータは自分で管理し、他人やサービスに読み書きする権限を与えるというSNSのようなオープンソースのプラットフォームSolidを考案し、開発を主導した。

偉人のここがスゴイ！
　インターネット社会の実現で個人や企業の繋がりを変えた！

関連用語
HTTPとHTTPS……P124　　HTML……P157

第7章　IT業界で知っておくべき人物

▶えりっく・しゅみっと　　　　　　　　　　　　　　　　　　　　　Keyword 247

エリック・シュミット

Google社（現Alphabet社）の元CEO

1955年アメリカ出身。字句解析プログラム lex の開発者として知られ、サン・マイクロシステムズやノベルなどで CEO や CTO を務めた後、ラリー・ペイジ氏、セルゲイ・ブリン氏が創業した Google 社に 2001 年に CEO として参加。2015 年には Google の持株会社として設立された Alphabet 社の会長に就任した。

人物に関連する話

lex の共同開発者
コンパイラの作成時に、ソースコードから各言語の文法に従っているか構文解析するときに使われる字句解析プログラムの lex は POSIX 標準にもなっている。

Java の開発を主導
サン・マイクロシステムズ社にて、開発を主導したプログラミング言語 Java は、一度コンパイルすると実行時のプラットフォームに依存しないという特徴がある。

The 11th Hour Project
食料や水、エネルギーや農業、人権など人間の健康に影響を与える問題に取り組んでいる支援団体で、シュミット夫妻が出資している。

偉人のここがスゴイ！
● Google社をスピードと革新的な発想で成功に導いた！

関連用語
（検索エンジンとクローラー）……P88

▶びる・げいつ
Keyword 248

ビル・ゲイツ

Microsoft社の共同創業者で、プログラマとしても有名

1955年アメリカ出身。ポール・アレン氏とともにMicrosoft社を創業し、BASICやMS-DOSの開発を行う。その後、Microsoft社はWindowsやOfficeなど数多くの商品で圧倒的なシェアを獲得し、「20世紀に最も成功した企業」だと言われる。現在はMicrosoft社の第一線からは離れている。

第7章 IT業界で知っておくべき人物

 人物に関連する話

BASICインタプリタの開発
ビル・ゲイツがAltair 8800向けのBASICインタプリタの開発を行った際、手元にAltair 8800がない状態で、しかも完成する前に売り込んだ話は有名。

MS-DOSの開発
IBMが個人向けPCの原型を開発していたとき、採用予定だったQDOSのライセンスをMicrosoft社が購入し、それを改良したMS-DOSがIBM PCに導入された。

ビル&メリンダ・ゲイツ財団
ビル・ゲイツとその妻であるメリンダ夫人によって設立された民間で運営される世界最大の慈善基金団体で、世界の貧困や医療、教育などに支援を行っている。

偉人のここがスゴイ！
●OSの開発と経営手腕でMicrosoft社を大躍進させた！

関連用語
(OSとアプリケーション)……P79 (プログラミング言語)……P227

275

Keyword 249

スティーブ・ジョブズ

Apple社の共同創業者

1955年アメリカ出身。スティーブ・ウォズニアック氏らとともに現在のApple社の前身であるApple Computerを創業。洗練されたGUIを備えたMacintoshの発売など、先進的なコンピュータを開発した。細かな部分まで美しいデザインへのこだわりが強く、多くのファンがいたが、2011年に亡くなった。

人物に関連する話

Apple社の創業と再建
1976年にApple社を創業したが、1985年にジョブズ氏は会社を追い出される。しかし、1996年の会社復帰後、iMacやiPod、iPhoneなど次々とヒット商品を発売した。

タートルネックにジーンズ
ジョブズ氏は、新商品の発表時など、いつも同じ服装でプレゼンをしている印象があり、普段から同じファッションを好んでいたと言われている。

Stay hungry, Stay foolish
母校スタンフォード大学の卒業式で行ったスピーチにおける締めくくりの言葉の「Stay hungry, Stay foolish」がよく紹介される。

偉人のここがスゴイ！
ユーザーファーストの姿勢を徹底し、人々のライフスタイルを変えた！

関連用語
OSとアプリケーション……P79　ミニマルデザイン……P160

▶てぃむ・くっく　　　　　　　　　　　　　　　　　　　　　　Keyword 250

ティム・クック

Apple社のCEO

1960年アメリカ出身。IBM社やコンパック社などを経て、1998年にApple社に入社。スティーブ・ジョブズ氏とともにApple社の再建に貢献し、2005年にはCOO、その後CEOとなる。部品の調達やサプライチェーンなど、技術面ではなく経営面・マネジメント面で注目されることが多い。

人物に関連する話

スティーブ・ジョブズの代理
現在のようにクック氏はApple社のCEOになる前にも、ジョブズ氏が手術などを受けるために一時的にCEOの立場から離れた際に代理を務めていた。

National Football財団
アメリカンフットボールの促進や発展を目指した非営利団体で、アマチュアチームの支援や運営などを行っており、クック氏は取締役を務めている。

Nike社の取締役
スポーツ関連の商品を扱うNike社の取締役でもあり、Apple Watchでもアプリやリストバンドなど多くの連携が行われていると考えられている。

偉人のここがスゴイ！
Appleの目覚ましい成長を支えた縁の下の力持ち！

関連用語
プロジェクトマネジメント……P103

第7章 IT業界で知っておくべき人物

277

Keyword 251

マイケル・デル

DELL社の創設者

1965年アメリカ出身。19歳でコンピュータ会社を起業し、現在のDELL社を築き上げ、一時期はコンピュータの売上高で世界第1位になった。2004年にCEOを引退するが、2007年に復帰。2013年には買収ファンドとともに、DELL社を買収し、株式の非公開化を行った。

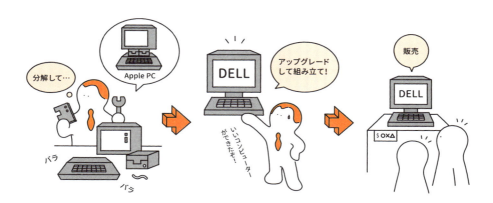

人物に関連する話

注文生産・直販制度の採用
それまでのコンピュータは大量生産で量販店での販売が当然だったが、注文生産で直販を行う方法で販売を行い、古い機種のアップデートでも注目を集めた。

強固なサポート体制
DELL社は、PCの購入者に対する24時間体制のサポートや、フリーダイヤルの導入などをいち早く実現し、顧客満足度を高めることに成功した。

マイケル＆スーザン・デル基金
妻とともに設立した基金で、貧困の中で生きる子どもたちを支援するため、学校や災害の被災地などに多額の寄付を行っている。

偉人のここがスゴイ！
● 若くしてIT分野で豊かな商才を発揮していた！

関連用語
五大装置 ……P218

Keyword 252

▶りーなす・とーばるず

リーナス・トーバルズ

Linuxの開発者

1969年フィンランド出身。Linux や git など、現在多く使われているソフトウェアを開発し、多くのファンがいる。その考え方がビル・ゲイツと対比されることが多く、書籍『それがぼくには楽しかったから』にあるように、「自分にとって必要」なものを「楽しいから作った」という考え方が共感を得ている。

人物に関連する話

Linuxの開発
1991年に公開されたLinuxはトーバルズが開発を始めたOSで、サーバーなどの用途で多く使われており、現在もカーネルの変更の最終的な決定者である。

gitの開発
Linuxでの開発に使われていたBitKeeperが無償提供を終了することを受けて、トーバルズ氏が開発したバージョン管理システムにgitがある。

マスコット「Tux」
Linuxの公式マスコットであるTuxはペンギンをデザインしたもので、リーナス・トーバルズがペンギンに好意的であったことから選ばれた。

偉人のここがスゴイ！
● 今日の新しい技術開発に欠かせないOSの生みの親！

関連用語
（OSとアプリケーション）……P79　（カーネル）……P241

第7章　IT業界で知っておくべき人物

279

Keyword 253

イーロン・マスク

テスラ社のCEO

1971年南アフリカ出身。独学でプログラミングを習得し、12歳でインベーダーゲームのようなソフトウェアを販売したとされる。PayPal社をはじめとして、いくつかの会社を設立し、電気自動車や自動運転に積極的なテスラや太陽光発電、宇宙ビジネスなどに次々と投資している。関わった企業の急成長や、本人の発言などから注目を集めることが多い。

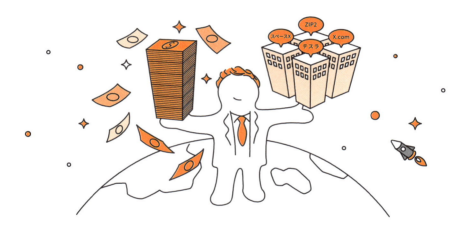

人物に関連する話

テスラ社のCEO
テスラは電気自動車を開発している企業で、日本国内でも2010年から販売を開始している。自動運転などの技術に積極的に取り組んでいる。

PayPal社の創業者
オンライン決済サービスとして世界中で使われているPayPalは前身の企業をイーロン・マスク氏が創設したX.comと合併してできた。

スペースXの挑戦
ロケット開発を行うスペースXを創業し、国際宇宙ステーションへのドッキングや地球への帰還に成功。民間による火星探査や火星移住構想を披露している。

偉人のここがスゴイ！
常に新しさを追い求める実業家であり、先見の明を持つ投資家！

関連用語
AI……P14　EC……P138

▶らりー・ぺいじ ▶せるげい・ぶりん　　　　　　　　　　　　Keyword 254

ラリー・ペイジ、セルゲイ・ブリン

Google社（現Alphabet社）の共同創業者

1973年アメリカ出身（ラリー・ペイジ）、1973年ソ連出身（セルゲイ・ブリン）。スタンフォード大学在学中に出会った2人は共同で検索エンジンに関する論文を執筆。その後、Google社を共同で創業し、現在はエリック・シュミットらとともに経営を行っている。

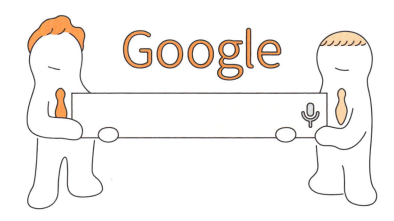

人物に関連する話

Googleの名前の由来
10の100乗を意味する単位「Googol」に由来し、「世界の情報を体系化し、誰でもアクセスできて使えるようにする」という使命を表現していると言われる。

ページランクの考え方
「リンクがより多く集まっているWebページはより重要である」という考え方に基づいて、独自にランク付けする評価方法でGoogleが開発した。

GoogleのXプロジェクト
セルゲイ・ブリン氏らが始めた、次世代技術の開発を行うGoogleのプロジェクトに「X」があり、これまでにメガネ型端末や自動運転車などが公開されている。

偉人のここがスゴイ！
● あらゆるサービス開発で世界の情報を共有させた！

関連用語
（検索エンジンとクローラー）……P88

第7章　IT業界で知っておくべき人物

Keyword 255

マーク・ザッカーバーグ

Facebook社の共同創業者

1984年アメリカ出身。ハーバード大学在学中からSNSの前身とも言えるサービスをいくつも開発。中には女子学生の身分証明書を公開して投票させるサイトを開発し、問題となったことも。2004年にFacebook社を共同で創業し、2010年にはアメリカのニュース雑誌『Time』のパーソン・オブ・ザ・イヤーに選ばれるなど、一躍時の人となった。

人物に関連する話

Facebookの開発
2004年、大学在学中に本人が実名で登録するという特徴を持つSNSのFacebookを開発し、学内での利用を開始。2006年には一般に開放された。

映画『ソーシャル・ネットワーク』
ザッカーバーグ氏がFacebook社を創業する物語として話題になった映画だが、あくまでもフィクションである。多くの映画賞を獲得し、ノミネートされたことで知られる。

政治団体「FWD.us」の設立
超党派の政治組織で、入国管理や刑事司法制度の改革をテーマに掲げて2013年に作られた。ザッカーバーグ氏などが移民法改革を主な目的に立ち上げた。

偉人のここがスゴイ!
コミュニケーションに革命を起こした!

関連用語
ソーシャルメディアとSNS……P142

Keyword 256

ジェフ・ベゾス

Amazon社の共同創業者

1964年アメリカ出身。1994年、Amazon社の前身である「Cadabra.com」を創業。翌1995年にオンライン書店であるAmazonのサービスを開始した。Amazonで、音楽や映像、日用品なども扱うようになり、「世界最大のオンライン小売企業」とも言われる。2018年には世界長者番付で1位になった。

人物に関連する話

日本でのAmazon
日本国内では2000年にAmazon.co.jpがスタートし、オンラインで書籍を購入できるようになった。現在は多くの品目を購入できる日本最大のECサイトになった。

Amazonのロゴ
AmazonのロゴマークはAからZに矢印が描かれており、「あらゆる商品が揃っている」ことを意味していると言われている。その形は笑顔のようにも見える。

ブルーオリジンの創業
ベゾス氏は2000年に宇宙事業を行うブルーオリジンを設立。誰でも宇宙へ行けることを目標に垂直に離着陸できる再利用可能なロケットを研究開発している。

偉人のここがスゴイ！
お客様目線を追求し続けるEC業界のキング！

関連用語
EC ……P138

第7章 IT業界で知っておくべき人物

Column

IT業界と関連する場所を知る

　IT業界では人物に注目するだけでなく、多くの企業が集まる場所に注目するのも1つの方法です。世界的に有名な場所としてカリフォルニアにある「シリコンバレー」があります。Google社やApple社、Intel社、Facebook社、Twitter社など多くのIT企業の本社があり、地価が非常に高いことでも有名です。

　また、アメリカとの時差を生かしてインドではアウトソーシングを中心とする企業が急速に増え続けています。インド南西部にあるバンガロールは「インドのシリコンバレー」とも言われ、Google社やMicrosoft社なども開発拠点を構えていることで知られています。

国内でIT業界が盛り上がっている場所とは？

　日本でも多くのIT企業が集まる場所があります。例えば、少し前であれば六本木ヒルズ、近年ではSHIBUYA BIT VALLEY（シブヤ・ビットバレー）、五反田バレーなどのスタートアップ企業が集まる場所が注目を集めています。

　他にも、IT企業を誘致して地域の発展に繋げようという取り組みがいくつもあります。例えば、福岡のように国が「国家戦略特区」としてスタートアップの支援をしている地域もありますし、和歌山の白浜のようにテレワークの拠点施設を開設している地域もあります。

　プログラミング言語Rubyが開発された場所として知られる島根県松江市の場合は、地元のIT企業が中心になって町おこしをしていますし、沖縄では地震が少ないという特徴を生かして、災害時の拠点としても注目を集めています。福井県鯖江市はオープンデータでも有名で、「データシティ」を名乗っています。

　ITを駆使することで都会でなくても自由に働くことができるため、働き方改革が進むとその働き方が大きく変わることが予想されます。

あとがき

　ITは日進月歩や秒進分歩と言われます。変化が激しいことを指す言葉で、新しいキーワードが次々登場しています。しかも、日本語に訳されることなく使われる、頭文字だけに省略する、ということは日常茶飯事で、言葉だけを聞いてもどんな意味なのかわからないことも少なくありません。一時的なブームで消えるキーワードもあり、覚えても役に立たないこともしばしばです。

　しかし、ITに関する仕事をしていると、そうした用語を覚えないわけにはいきません。日常の商談の中でも用語を知っているとスムーズに会話が進みますし、相手と同じ認識を持っていることを伝えられると信頼度も上がるでしょう。この本で挙げたような用語は最低限押さえておき、常に新しいキーワードを入手する必要があります。

　このような**トレンドのキーワードを常に追いかけるためには、インプットの量を増やす方法が有効です**。本やインターネットで調べるだけでも十分だと思う人もいるかもしれませんが、これらの方法は自分から能動的に行動しなければなりません。これでは、自分の興味のある情報しか追いかけられないのです。

　そこで、幅広い情報収集手段を持ち、「待っているだけで情報が向こうからやってくる」状態を作る必要があります。例えば、雑誌を定期購読する、インターネット上のニュースをRSSで収集する、Podcastで自動的に受信する、など工夫してみましょう。大量の情報を浴びるように受けていると、トレンドになっているキーワードは何度も登場します。

　本書では特典として、IT用語をさらに深く知りたい方に向けたお役立ち資料をプレゼントしています。ぜひ参考にしてみてください。

2019年4月　増井敏克

索引

記号・数字

α版やβ版 83
10進法 82
16進法 82
2進法 82
3つのV 17
3ウェイ・ハンドシェイク 60

A～E

ABC分析 29
ABテスト 150
ACID特性
　(Atomicity、Consistency、Isolation、Durability) 251
ACアダプタ 93
ADSL(Asymmetric Digital Subscriber Line)
　　　　　　　　　　　　　　　　　　　35, 53
AI(Artificial Intelligence) 14
AIの開発言語 14
Amazon 283
API(Application Programming Interface)
　　　　　　　　　　　　　　　　　　118, 242
Apple 276
APT攻撃(Advanced Persistent Threat)
　　　　　　　　　　　　　　　　　　　　186
AR(Augmented Reality) 25
ASCIIコード 73
ASP(Affiliate Service Provider) 139
BCP(Business Continuity Plan) 120
BI(Business Intelligence)ツール 29,50
BIOS(Basic Input/Output System) 220
Bluetooth 34
BPO(Business Process Outsourcing) 47
bps(bit per second) 52
BYOD(Bring Your Own Device) 31
CA(Certificate Authority) 205
CAPTCHA (Completely Automated Public Turing test to tell Computers and Humans Apart) 199
CDN(Content Delivery Network) 176
CG(Computer Graphics) 116
CMS(Content Management System) 143
CMYK 81
COBOL 45
Cognitive Automation 15
Cookie 159
Cook-Levinの定理 268
CPU(Central Processing Unit) 66
CRL(Certificate Revocation List) 210
CRM分析(Customer Relationship Management)
　　　　　　　　　　　　　　　　　　　　50
CSIRT(Computer Security Insident Response Team)
　　　　　　　　　　　　　　　　　　　　120
CSS(Cascading Style Sheets) 158
CSSスプライト 163

CSSハック 158
CSSフレームワーク 152
CSV(Comma-Separated Value) 44
CTF(Capture The Flag) 180
CTR(Click Through Rate) 147
CUI(Character User Interface) 119
DBMS(Database Management System) 86
DCL(Data Control Language) 248
DDL(Data Definition Language) 248
DDoS攻撃(Distributed Denial of Service) 187
DELL 278
DHCP(Dynamic Host Configuration Protocol) 61
DLP(Data Loss Prevention) 215
DML(Data Manipulation Language) 248
DMZ(Demilitarized Zone) 212
DNS(Domain Name System) 57
Docker 225
DOM(Document Object Model) 170
DoS攻撃(Denial of Service) 187
dpi(dots per inch) 81
DRM(Digital Rights Management) 36
DRY原則(Don't Repeat Yourself) 246
DVI(Digital Visual Interface) 72
EC(Electronic Commerce) 138
EC-CUBE 143
ERP(Enterprise Resources Planning) 40
EVM(Earned Value Management) 103

F～J

F5攻撃 187
FA(Factory Automation) 15
Facebook 282
FEP(Front-End Processor) 75
FIFO(First In First Out) 245
FILO(First In Last Out) 245
fix 109
FORTRAN 262
FQDN(Fully Qualified Domain Name) 123
FTP(File Transfer Protocol) 171
FTTH(Fiber To The Home) 53
GCC(GNU Compiler Collection) 271
git 84, 279
GoF(Gang of Four) 243
Google 281
GoogleのXプロジェクト 281
GPS(Global Positioning System) 46
GPU(Graphics Processing Unit) 66
GUI(Graphical User Interface) 119
HDMI(High-Definition Multimedia Interface) 72
HTML(HyperText Markup Language) 157
HTTP(Hypertext Transfer Protocol) 124
HTTPS(Hyper Text Transfer Protocol Secure)
　　　　　　　　　　　　　　　　　　　　124
IaaS(Infrastructure as a Service) 67

286

IC（Integrated Circuit）219
ICO（Initial Coin Offering）20
ICカード 219
IDS（Intrusion Detection System）212
IDカード 219
IEEE754 244
IMAP 87
IoT（Internet of Things）16
IP（Internet Protocol）55, 60, 61
IPA 196
IPoE（IP over Ethernet）52
IPS（Intrusion Prevent System）212
IPv4アドレス 56
IPv6アドレス 56
IP-VPN 208
IPアドレス 56
IPスプーフィング 192
IPフラグメンテーション 63
ISP（Internet Service Provider）198
ITIL（Information Technology Infrastructure Library）103
Java 274
JPEG 172
JVN（Japan Vulnerability Notes）197

K〜O

KGI（Key Goal Indicator）149
KPI（Key Performance Indicator）149
KSF（Key Success Factor）149
L3スイッチ 58
LAN（Local Area Network）54
lex 274
LIFO（Last In First Out）245
Linux 279
LISP 263
LOD（Linked Open Data）44
LP（Landing Page）144
LSI（Large Scale Integration）219
M2M（Machine to Machine）16
MACアドレス 65
MDM（Mobile Device Management）31
Microsoft 272, 275
MIME（Multipurpose Internet Mail Extensions）87
MR（Mixed Reality）25
MTU（Maximum Transmission Unit）63
MVC（Model-View-Controller）243
MVVM（Model-View-ViewModel）243
NAPT（Network Address and Port Translation）62
NAT（Network Address Translation）62
NoSQL 86
NP完全問題 268
NULL 244
NULL文字 244
O2O（Online to Offline）121
OAOO原則（Once And Only Once）246
OAuth 191

OCSP（Online Certificate Status Protocol）210
OGP（Open Graph Protocol）173
OKR（Objective and Key Result）149
ONU（Optical Network Unit）53
OP25B（Outbound Port 25 Blocking）87
Oracle 270
OS（Operating System）79
OSI参照モデル 55

P〜T

P≠NP予想 268
P2P（Peer to Peer）59
PaaS（Platform as a Service）67
PayPal 280
PCI Express 89
PERT図 104
PFM（Personal Financial Management）18
PMBOK 103
PNG（Portable Network Graphics）172
POP（Post Office Protocol）87
POS（Point of Sales）29
PPPoE（Point-to-point protocol over Ethernet）52
PSK（Pre-Shared Key）207
PV 148
QRコード 33
RAM（Random Access Memory）221
RDBMS
　（Relational Database Management System）86
RFID（Radio Frequency Identifier）40
RFM分析（Recency/Frequency/Monetary）29
RFP 135
RGB 81
ROM（Read Only Memory）221
RPA（Robotic Process Automation）15
SaaS（Software as a Service）67
SAML（Security Assertion Markup Language）191
SCM（Supply Chain Management）40
SCP（Secure Copy）171
SDK（Software Development Kit）242
SE 92
SEM（Search Engine Marketing）140
SEO（Search Engine Optimization）140
SES（System Engineering Service）106
SFTP 171
Shift_JIS 73
SLA（Service Level Agreement）105
Smalltalk 269
SMART（Specific/Measurable/Achievable/
　Relevant/Time-bound）149
SMTP（Simple Mail Transfer Protocol）87
SNS（Social Networking Service）142
SOHO（Small Office Home Office）30
Solid 273
SQL 248
Squeak 269
SSH（Secure Shell）171

287

SSID（Service Set IDentifier） 125
SSL（Secure Sockets Layer） 206
SSL-VPN 208
Subversion 84
TAOCP（The Art of Computer Programming） 267
TCO（Total Cost of Ownership） 115
TCP（Transmission Control Protocol） 55, 60
TeX 267
Thunderbolt 72
TLS（Transport Layer Security） 206
Tor（The Onion Router） 193
Tux 279

U〜X

UDP（User Datagram Protocol） 60
UI（User Interface） 119
ULSI（Ultra Large Scale Integration） 219
Unicode 73
UPS（Uninterruptible Power Supply） 223
URI（Uniform Resource Identifier） 123
URL（Uniform Resource Locator） 123
URLの正規化 154
USB（Universal Serial Bus） 89
UTF-8 73
UX（User Experience） 119
VGA（Video Graphics Array） 72
Viewport 152
VLSI（Very Large Scale Integration） 219
VoIP（Voice over Internet Protocol） 60
VPN（Virtual Private Network） 208
VPS（Virtual Private Server） 155
VR（Virtual Reality） 25
WAN（Wide Area Network） 54
WBS（Work Breakdown Structure） 104
WCAG（Web Content Accessibility Guidelines） 111
Webアイコンフォント 77
Web アクセシビリティ 111
Web コンテンツ JIS 111
Web サイト 94
Web サイトマップ 156
Web ページ 94
WEP（Wired Equivalent Privacy） 207
WordPress 143
World Wide Web 51, 273
WPA（Wi-Fi Protected Access） 207
XML（Extensible Markup Language） 44
XP（eXtreme Programming） 23

あ行

アーカイブ 71, 130
アーラン 126
アイキャッチ 153
アイコン 77
アクセシビリティ 43, 111
アクセス解析 140
アクセス権 200

アクセスポイント 34, 125
アグリゲーション 141
アジャイル 23
アタッチ 222
アダプタ 93
アドウェア 184
アフィリエイト 139
アプリケーション 79
アムダールの法則 91
アラン・ケイ 269
アラン・チューリング 258
アルゴリズム 229
アローダイヤグラム 104
アンマウント 222
暗号化 201
暗号資産 20
イーロン・マスク 280
インシデント 120
インストール 79
インターネット 51
インターネットの起源 51
インターフェイス 118
インタプリタ 228
インデックス 249
イントラネット 51
インバーター 93
インプレッション 147
インポート 76
ウイルス 181
ウェアラブル 37
ウェルノウンポート 56
ウォーターフォール 23
ウォームスタンバイ 255
エクストラネット 51
エクスポート 76
エッジコンピューティング 16
エドガー・F・コッド 260
エドガー・ダイクストラ 266
エミュレータ 116
絵文字 73
エリック・シュミット 274
エンキュー 245
演算装置 218
エンドユーザー 108
オーバークロック 66
オープンソース 169
オープンデータ 44
億り人 20
オブジェクト指向 230
オフショア 47
オプトアウト 183
オプトイン 183
オムニチャネル 121, 133
親ディレクトリ 70
オンプレミス 67
オンラインストレージ 32, 221

288

か行

カーネル	241
カーネルモード	241
ガーベジコレクション	239
回線交換	52
階層	151
解像度	81
解読	201
外部ストレージ	221
可逆圧縮	71
隠しファイル	68
拡張子	68
カスタマー	108
画素	81
仮想化	39
仮想通貨	20
画像の最適化	163
仮想マシン	225
仮想メモリ	226
カットオーバー	102
カバレッジ	235
可用性	213
カラーコード	82
カラム	165, 249
カルーセル	173
カレントディレクトリ	69, 128
関係モデル	260
関数	246
関数型言語	231
完全仮想化	225
完全性	213
ガントチャート	104
カンバン方式	23
ギーク	180
キーロガー	184
記憶装置	218
機械学習	27
機械語	227
機種依存文字	73
危殆化	210
キックオフ	101
機密性	213
キャッシュ	129
キャッシュメモリ	129
キャパシティ	100
キャプチャ	131
ギャランティ型	35
キュー	245
キュレーション	141
境界値分析	234
強化学習	27
教師あり学習	27
教師なし学習	27
共通鍵暗号	202
共用サーバー	155
切り戻し	102
クライアント	108
クライアント・サーバー	59
クラウド	67
クラウドソーシング	47
クラスSC	268
クラッカー	180
クリエイティブ・コモンズ	78
クリック・アンド・モルタル	133
クリック課金型	139
グリッドレイアウト	165
クリティカル・パス	102
クロード・シャノン	259
グローバルIPアドレス	62
クローラー	88
クローリング	170
クロスチャネル	133
クロックアップ	66
クロック周波数	66
結合テスト	233
検疫ネットワーク	181
検索エンジン	88
現代暗号	201
公開鍵暗号	202
高水準言語（高級言語）	227
工数	98
構造化プログラミング	230, 266
コードサイニング証明書	204
ゴードン・ムーア	265
コールドスタンバイ	255
個人財務管理	18
五大装置	218
コッドの12の規則	260
古典暗号	201
コネクション	64
コピーレフト	169, 271
コンシューマー	108
コンテンツ	167
コンテンツビュー（CV）	148
コンテンツフィルタリング	32, 209
コントラスト	132
コンバージョン（CV）	145
コンバータ	93
コンパイラ	228
コンパイル	228
コンピュータリテラシー	269

さ行

サードパーティクッキー	159
サービスイン	102
再帰呼び出し	247
最小特権の原則	200
サイドバー	166
サイトブロッキング	209
サイバー犯罪	194
サブネットマスク	65
サムネイル	153
参照透過性	231
サンドボックス	182

シェアリングエコノミー	22	スティーブン・クック	268
ジェフ・ベゾス	283	ステータスコード	124
シェル	241	ステートフル	64
しきい値	114	ステートレス	64
自己署名証明書	205	ストアドプロシージャ	253
システムインテグレーター	41	ストリーミング	36
システムエンジニア	92	ストレージ	221
システム監査	214	スニペット	151
システムコール	241	スパイウェア	184
システムテスト	233	スパムメール	183
失効	210	スマートウォッチ	37
自動と自律の違い	21	スマートグラス	37
シミュレーション	116	スライス	163
シミュレータ	116	スループット	126
シャドーIT	32	スワッピング（ページング）	226
収穫加速の法則	24	成果報酬型	139
集積回路	219	正規化	250
主キー	250	制御装置	218
主記憶装置	218	脆弱性	196
出力装置	218	脆弱性診断	197
準仮想化	225	生体認証	190
障害	120	静的サイトジェネレーター	143
条件網羅（C2）	235	セキュリティ監査	214
常時SSL	206	セキュリティパッチ	196
情報源符号化定理	259	セキュリティホール	196
情報処理推進機構	196	セグメント	65
情報セキュリティ（3要素）	213	セッション	64, 148
情報モラル	107	絶対パス	70
証明書	205	セットアップ	79
証明書失効リスト	210	セマフォ	266
ショールーミング	121	セマンティックWeb	273
初期値	113	セル	86
助言型監査	214	セル・オートマトン	261
書体	74	セルゲイ・ブリン	281
所有権	200	セレクタ	158
ショルダーハッキング	189	ゼロデイ攻撃	197
ジョン・バッカス	262	セントロニクス	89
ジョン・フォン・ノイマン	261	専用サーバー	155
ジョン・マッカーシー	263	総当たり攻撃	188
シリアル	89	相対パス	70
シンギュラリティ	24	ソーシャルエンジニアリング	189
シンクライアント	215	ソーシャルメディア	142
シングルカラム	165	ソースコード	228
シングルサインオン	191	ソフトウェア	167
垂直分散	254		
スイッチ	58	**た行**	
水平分散	254		
スキーム名	123	大規模集積回路	219
スクリプトキディ	180	ダイクストラ法	266
スクレイピング	170	ダイナブック構想	269
スクロールエフェクト	174	タイムシェアリング・システム	263
スケールアウト	91	ダウンサイジング	45
スケールアップ	91	楕円曲線暗号	206
スコアリング	88	タグ	157
スタイルシート	158	タスク	104
スタック	245	多層防御	194
スタックオーバーフロー	245	多変量テスト	150
スティーブ・ジョブズ	276	単体テスト	233

290

チェックポイント	251	トラフィック	126
チャネル	121	トランザクション	251
抽象データ型	230	トレードオフ	110
チューリング・テスト	258	ドローン	21
チューリング・マシン	258	ドローン特区	21
チューリング賞	258	ドロップシャドウ	162
著作権	78		
直帰率	145	**な行**	
ツイストペアケーブル	54		
通信路符号化定理	259	内部監査	42
強いAI	24	内部ストレージ	221
提案依頼書	135	内部統制	42
ディープラーニング	28	名前解決	57
低水準言語（低級言語）	227	なりすまし	192
ティム・クック	277	二段階認証	190
ティム・バーナーズ＝リー	273	日本版SOX法	42
ディレクトリ	69	ニューラルネットワーク	28
データウェアハウス	50	入力装置	218
データ型	244	二要素認証	190
データサイエンス	50	認可	199
データセンター	38	人月	98
データマイニング	50	認証	199
テーブル	249	認証局	205
テキスト	80	人日	98
テキストマイニング	50	ネームサーバー	57
デキュー	245	ネットワークブート方式	215
デザインカンプ	164	ノイマン型コンピュータ	261
デザインパターン	243		
テザリング	34	**は行**	
デシジョンテーブル	234		
デジタル著作権管理	36	パーサ	170
デジタル署名	204	バージョン	83
デジタルフォレンジック	211	パーミッション	200
デジュールスタンダード	99	排他制御	252
テスト	232	バイナリ	80
テスト駆動開発	23	パイプライン処理	66
テストケース	233	ハイブリッド暗号	202
テスラ	280	パイロット開発	117
手続き	246	ハウジング	38
手続き型	230	バグ	232
デッドロック	252	バグ管理システム	232
デバイス	220	バグフィックス	109
デバイスドライバ	220	パケット	63
デバッグ	232	パケットキャプチャ	131
デファクトスタンダード	99	パケット通信	52
デフォルト	113	パケットフィルタリング	209
デフォルトゲートウェイ	61	パケ詰まり	63
テレワーク	30	パスワード	122
電子署名	204	パスワードリスト攻撃	188
電子マネー	18	パターンファイル	182
同値分割法	234	ハッカー	180
匿名化	193	バッカス・ナウア記法	262
匿名性	193	バックアップ	130
特権	200	バックエンド	75
ドナルド・クヌース	267	バックドア	196
ドメイン	65	パッケージ	85
ドメイン名	57	ハッシュ	203
トラッシング	189	ハニーポット	182

291

ハブ	58
パブリックドメイン	78
パララックス	174
パラレル	89
バルクインポート	76
パレートの法則	26
パンくずリスト	151
ハンバーガーボタン	165
非可逆圧縮	71
光回線終端装置	53
光ファイバー	53
悲観的排他制御	252
引数	246
ピクセル	81
ピクトグラム	77
ビッグデータ	17
ビュースルーCV	147
表計算ソフト	86
標的型攻撃	186
標本化定理	259
被リンク数	140
ビル・ゲイツ	275
ビルド	228
ファーストビュー	146
ファームウェア	220
ファイアウォール	212
ファイブ・ナイン	105
ファイル	68
ファイルコンバータ	93
ファビコン	77
フィールド	249
フィックス	109
フィッシング詐欺	192
フィンテック	18
フォルダ	69
フォント	74
負荷分散	254
負荷分散装置	254
不具合	232
復号	201
輻輳制御	60
不正アクセス	195
プッシュ	245
フッタ	166
物理削除	90
物理ドライブ	90
物理フォーマット	90
プライベートIPアドレス	62
プラグアンドプレイ	220
ブラックボックステスト	234
フラットデザイン	175
フリーウェア	169
フリーソフトウェア運動	271
振る舞い検知	182
ブレードPC	224
フレーム	63
フレーム問題	263
フレーム理論	264
フレームワーク	236
フローチャート	229
プロキシサーバー	127
プログラマ	92
プログラミング言語	227
プロジェクトマネジメント	41, 103
プロジェクトマネジメント知識体系	103
ブロックチェーン	19
プロトコル	55
プロトタイプ	117
プロバイダ	198
プロパティ	238
フロントエンド	75
分岐網羅（C1）	235
文芸的プログラミング	267
分散コンピューティング	20
ペアプログラミング	237
ページビュー	148
ページランク	281
ベストエフォート	35
ヘッダ	166
ポイント	74
ポータルサイト	88
ポートスキャン	195
ポート番号	56
ホームディレクトリ	69, 128
ホームページ	94
ポール・アレン	272
保証型監査	214
補助記憶装置	218
ホスティング	38
ホスト名	57
ポッドキャスト	36
ホットスタンバイ	255
ホットフィックス	109
ポップ	245
ホワイトハッカー	180
ホワイトボックステスト	234

ま行

マーク・ザッカーバーグ	282
マークアップ言語	227
マージソート	261
マービン・ミンスキー	264
マイクロインタラクション	175
マイケル・デル	278
マイナー	83
マイニング	19
マウント	222
マキシマリズムデザイン	160
マクロウイルス	181
マクロ機能	15
マッシュアップ	168
末尾再帰	247
マテリアルデザイン	175
マルウェア	181
マルチチャネル	133

マルチパラダイム 231
ミニマルデザイン 160
ミレニアル世代 22
ムーアの法則 265
無停電電源装置 223
命令網羅（C0） 235
メイン 166
メインフレーム 45
メールボム 183
メジャーバージョン 83
メソッド 124
メディアクエリ 152
文字コード 73
モジュール 85
モダナイゼーション 134
モックアップ 117
モバイルルーター 34
モブプログラミング 237
モンキーテスト 235

や行

ユーザーインターフェイス 118
ユーザーモード 241
ユーザビリティ 112
ユニーク制約（一意制約） 250
ユニークユーザー 148
ユニバーサルデザイン 43
ユビキタス 16
要求定義 109
要件定義 109
弱いAI 24

ら行

ライドシェア 22
ライフサイクル 115
ライブストリーミング 36
ライフハック 180
ラスタライズ 162
ラストワンマイル 35
楽観的排他制御 252
ラックマウント 222
ラリー・エリソン 270
ラリー・ペイジ 281
ランサムウェア 185
ランディングページ 144
ランニングコスト 31
リードタイム 40
リーナス・トーバルズ 279
リスクベース認証 199
リストア 76
リソース 100
リターゲティング広告 140
リダイレクト 154
離脱率 145
リチャード・ストールマン 271
リッチクライアント 59

リテラシー 107
リバースエンジニアリング 228
リバースブルートフォース攻撃 188
リバースプロキシ 127
リピータ 58
リファクタリング 240
リプレース 115
リポジトリ 84
リホスト 134
量子コンピュータ 210
リライト 134
リリース 83, 101
リレーショナルデータベース 248
ルーター 58
ルーチン 246
ルート証明書 205
ルートディレクトリ 70
レイヤー 161
レガシーマイグレーション 45, 134
レコード 249
レコメンデーション 26
レスポンシブデザイン 152
レンダリング 162
レンタルサーバー 155
連長圧縮 71
ロードバランサ 254
ロードマップ 104
ローミング 34
ローリング・リリース 101
ロールバック 251
ロールフォワード 251
ローンチ 101
ロックイン 115
ロボット 14, 15
ロングテール 26
論理型言語 231
論理削除 90
論理ドライブ 90
論理フォーマット 90

わ行

ワーム 181
ワイヤーフレーム 164
ワンタイムパスワード 190

293

会員特典データのご案内

本書をお買い上げいただいた方に、便利なツールや情報収集に役立つ情報源をまとめたお役立ち資料をプレゼントしています。

会員特典データは、以下のサイトからダウンロードして入手してください。

https://www.shoeisha.co.jp/book/present/9784798160016

※会員特典データのファイルは圧縮されています。ダウンロードしたファイルをダブルクリックすると、ファイルが解凍され、ご利用いただけるようになります。

● 注意
※会員特典データのダウンロードには、SHOEISHA iD（翔泳社が運営する無料の会員制度）への会員登録が必要です。詳しくは、Webサイトをご覧ください。
※会員特典データに関する権利は著者および株式会社翔泳社が所有しています。許可なく配布したり、Webサイトに転載することはできません。
※会員特典データの提供は予告なく終了することがあります。あらかじめご了承ください。

● 免責事項
※会員特典データの記載内容は、2019年3月現在の法令等に基づいています。
※会員特典データに記載されたURL等は予告なく変更される場合があります。
※会員特典データの提供にあたっては正確な記述につとめましたが、著者や出版社などのいずれも、その内容に対してなんらかの保証をするものではなく、内容やサンプルに基づくいかなる運用結果に関してもいっさいの責任を負いません。
※会員特典データに記載されている会社名、製品名はそれぞれ各社の商標および登録商標です。

『IT用語図鑑』のアプリ版のご案内

アプリ版は検索やお気に入り登録の機能が搭載されています。iOS版、Android版ともにダウンロードは無料で、書籍に収録している256のキーワードのうち100項目を閲覧できます（アプリ内で購入することで、すべてのキーワードを閲覧可能）。
ただし、書籍に掲載されている「用語に関連する話」などは、アプリ版には含まれていません。詳細は以下のサイトをご参照ください。
https://glossary.masuipeo.com

参考文献

- マービン・ミンスキー［著］、安西祐一郎［訳］『心の社会』（産業図書）
- マイケル デル［著］、キャサリン・フレッドマン［著］、国領二郎［訳］、吉川明希［訳］『デルの革命－「ダイレクト」戦略で産業を変える』（日本経済新聞社）
- クリス・アンダーソン［著］、小林弘人［監修］、高橋則明［訳］『フリー－〈無料〉からお金を生みだす新戦略』（NHK出版）
- リーナス・トーバルズ［著］、デビッド・ダイヤモンド［著］、風見潤［訳］、中島洋［監修］『それがぼくには楽しかったから－全世界を巻き込んだリナックス革命の真実』（小学館プロダクション）
- ウォルター・アイザックソン［著］、井口耕二［訳］『スティーブ・ジョブズ I － The Exclusive Biography』（講談社）
- ウォルター・アイザックソン［著］、井口耕二［訳］『スティーブ・ジョブズ II － The Exclusive Biography』（講談社）
- ダニエル・イクビア［著］、スザン・L. ネッパー［著］、椋田直子［訳］『マイクロソフト－ソフトウェア帝国誕生の奇跡』（アスキー）
- 脇英世［著］『ビル・ゲイツの野望－マイクロソフトのマルチメディア戦略』（講談社）
- フレデリック・P・ブルックス, Jr.［著］、滝沢徹［訳］、牧野祐子［訳］、富澤昇［訳］『人月の神話 新装版』（丸善出版）

本書内容に関するお問い合わせについて

このたびは翔泳社の書籍をお買い上げいただき、誠にありがとうございます。弊社では、読者の皆様からのお問い合わせに適切に対応させていただくため、以下のガイドラインへのご協力をお願いいたしております。下記項目をお読みいただき、手順に従ってお問い合わせください。

●ご質問される前に

弊社Webサイトの「正誤表」をご参照ください。これまでに判明した正誤や追加情報を掲載しています。

　　正誤表　https://www.shoeisha.co.jp/book/errata/

●ご質問方法

弊社Webサイトの「刊行物Q&A」をご利用ください。
　　刊行物Q&A　https://www.shoeisha.co.jp/book/qa/

　インターネットをご利用でない場合は、FAXまたは郵便にて、下記"翔泳社 愛読者サービスセンター"までお問い合わせください。電話でのご質問は、お受けしておりません。

●回答について

　回答は、ご質問いただいた手段によってご返事申し上げます。ご質問の内容によっては、回答に数日ないしはそれ以上の期間を要する場合があります。

●ご質問に際してのご注意

　本書の対象を超えるもの、記述個所を特定されないもの、また読者固有の環境に起因するご質問等にはお答えできませんので、あらかじめご了承ください。

●郵便物送付先およびFAX番号

　送付先住所　〒160-0006　東京都新宿区舟町5
　FAX番号　　03-5362-3818
　宛先　　　　（株）翔泳社 愛読者サービスセンター

※本書に記載されたURL等は予告なく変更される場合があります。
※本書の出版にあたっては正確な記述につとめましたが、著者や出版社などのいずれも、本書の内容に対してなんらかの保証をするものではなく、内容やサンプルに基づくいかなる運用結果に関してもいっさいの責任を負いません。
※本書に記載されている会社名、製品名はそれぞれ各社の商標および登録商標です。
※本書に記載されている情報は2019年3月執筆時点のものです。

増井敏克（ますい　としかつ）

増井技術士事務所 代表
技術士（情報工学部門）
1979年奈良県生まれ。大阪府立大学大学院修了。テクニカルエンジニア（ネットワーク、情報セキュリティ）、その他情報処理技術者試験にも多数合格。また、ビジネス数学検定1級に合格し、公益財団法人日本数学検定協会認定トレーナーとして活動。「ビジネス」×「数学」×「IT」を組み合わせ、コンピュータを「正しく」「効率よく」使うためのスキルアップ支援や、各種ソフトウェアの開発を行っている。
著書に『プログラマ脳を鍛える数学パズル シンプルで高速なコードが書けるようになる70問』、『もっとプログラマ脳を鍛える数学パズル アルゴリズムが脳にしみ込む70問』、『おうちで学べるセキュリティのきほん』、『図解まるわかりセキュリティのしくみ』（以上、翔泳社）、『プログラミング言語図鑑』、『プログラマのためのディープラーニングのしくみがわかる数学入門』（以上、ソシム）などがある。

装丁・本文デザイン／DTP　ISSHIKI（石垣由梨）
装丁・本文イラスト　若田紗希

IT用語図鑑
ビジネスで使える厳選キーワード256

2019年5月13日　初版第1刷発行
2021年6月10日　初版第4刷発行

著者　　　増井敏克
発行人　　佐々木幹夫
発行所　　株式会社翔泳社（https://www.shoeisha.co.jp/）
印刷・製本　日経印刷株式会社

ⓒ 2019 Toshikatsu Masui

本書は著作権法上の保護を受けています。本書の一部または全部について（ソフトウェアおよびプログラムを含む）、株式会社 翔泳社から文書による許諾を得ずに、いかなる方法においても無断で複写、複製することは禁じられています。

本書へのお問い合わせについては、295ページに記載の内容をお読みください。
落丁・乱丁はお取り替えいたします。03-5362-3705までご連絡ください。

ISBN 978-4-7981-6001-6　　　　　　　　　　　　　　Printed in Japan